趨勢文化
出·版·有·限·公·司
GRACE
囍美人 05

馬甲線**女神**
台灣第一**美魔女**

張婷媗 的

逆天術！

瘦身　逆齡　抗老　馬甲線

張婷媗／著

CONTENTS

目錄

Chapter 01

Chapter 05

我是個超級懶人，所以我只選擇最「重點式」、「最有效」的方式來做。

肥胖了10幾年，
完全不敢照鏡子！

誰能想像我家裡
竟然沒有任何「梳妝台」和「全身鏡」！
還因為打擊太大，而憂鬱沮喪
完全沒有自信！

結婚前當過 Model
生完第一胎整個「水腫大變形」
身上多了 [**24kg**] 肥肉！

我在結婚之前，最瘦的時候只有 45 公斤 (身高 163)，平均都維持在 46~48 公斤左右，以身材比例來說算是還蠻瘦的，加上天生就喜歡把自己打扮得美美的、個性又很活潑，所以還曾經被朋友找去充當過模特兒。

我年輕時當 Model 的照片。

年輕時的我，從沒想過有一天我會胖到連自己都不敢照鏡子！還因為打擊太大而開始變得憂鬱沮喪，完全沒有自信！

結婚之後，由於我本身就很愛做料理，加上跟老公一起吃東西又特別開心，婚姻幸福美滿又天天滿桌的美食，一不小心就讓我胖到 50 公斤！

但是，真正最可怕的發胖，是在生完第一胎之後。

當時我的體重一直往上飆高到 74 公斤，足足又胖了 24 公斤！我滿腹肥油、虎背熊腰、手臂比我妹妹 Taco 的大腿還粗壯，脫下衣服時看到身上那一圈圈的肥肉，連自己都覺得怎麼這麼醜、這麼肥啊？！

我無法忍受這樣的自己，於是臃腫的我每天都很辛苦的帶著孩子、推著他或是揹著他，在百貨公司裡一圈一圈的逛街散步當運動，一天下來狂走將近 4、5 個小時，只希望能用這種方式讓自己趕快瘦下來！

同時，我規定自己每天只能吃早餐和午餐，再餓也不吃晚餐！就這樣，刻意節食加上每天狂走，才好不容易瘦到 60 公斤。

但是 60 公斤還是太胖，我不能忍受每天都找不到可以穿的衣服那種沮喪，還有照鏡子時都會忍不住問自己：『這真的是我嗎？看著這麼肥胖的自己，妳怎麼還吃得下飯啊？！』

So Delicious!!

大嬸時期，很不愛拍照。

Oops!!!

於是，我吃的更少！甚至刻意餓肚子不吃，並且日以繼夜的勞心勞力照顧家庭、打理孩子的一切，用這種極端的方式來減肥，終於，花了一年的時間我才又瘦回50公斤！

沒想到，才剛剛開心回復到50公斤的身材沒多久，我又懷了第二胎！

為了補充孕婦所需的營養，一放鬆，我的體重馬上就又衝高來到了熟悉的74公斤！

生完老二之後才算是真正的胖！比較悲慘的是，這次不管我再怎麼努力挨餓、減肥，卻再也沒有瘦回來過了！

我之前減肥的方式就是只要一直餓肚子就可以瘦了，所以我也以為只要努力控制，一樣可以再變回原來的體重。但是，沒想到餓肚子的方法已經不管用了，不管我吃的再少，當時體重始終維持在62公斤左右就『卡住』了！再也沒有辦法回復50公斤的苗條身材。

我那時候不知道，年輕時我雖然很瘦，但因為很懶的運動、都只是靠節食來控制體重，所以我一直用來快速減肥瘦身的方式，其實減掉的都是肌肉和水分，但體內脂肪還是很高，讓我成了名符其實的『泡芙型』美人！

急速又不健康的方式胡亂減肥，也把體內的新陳代謝搞得亂七八糟，但是讓我肥胖的脂肪還是囤積在體內，一旦停止了那些方法，讓我發胖的脂肪又開始大量堆積！

所以在第二次產後減肥時，我就很明顯感受到不管我多努力節食，還是瘦不下來！因為脂肪是不會因為這樣就消失的（當時我的體脂肪大約有34%、35%，現在才19%，差很大），消失的都是最寶貴的肌肉和水分，這讓我就算有瘦，但一點也不健康，而且復胖機率高，也越來越難瘦下來！

所以你們可想而知，那時我的皮膚有多差！氣色也很不好，身體水腫的問題大於橘皮問題，看起來就像是烤過的棉花糖！

那時候的心情，一整個呈現非常負面的狀態。看到鏡子裡肥胖的自己、想到可能這輩子都跟苗條無緣了，甚至沮喪到想大哭。

「溜溜球效應」
我是烤過的棉花糖 水腫到最高點！

水腫的很厲害

於是我開始自暴自棄，越胖就越討厭自己、就越想吃東西來轉移情緒、逃避現實。我每天晚上都會趁大家熟睡時，偷偷起來吃泡麵當宵夜，整整吃了一年！現在你們看到的這些胖大嬸的照片，其實都還不是我最胖的時期，我最胖的時候根本羞到不敢拍照！

有一段時間，老公為了鼓勵我，和我一起玩減肥比賽的遊戲，他也陪著我一起少吃、餓肚子，一、二個月下來，我跟老公確實都有瘦一些，但是沒多久之後，我們又都復胖了！因為我們都用那種極端的節食方法在減肥，其實是不對的，可以明顯感受到那種一下瘦、一下又胖回來的「溜溜球效應」在那幾年裡不斷上演。

什麼是「溜溜球效應」？就是我前面說的，因為用了急速又不正確的方法去瘦身，雖然暫時達到了目標，但很容易因為一個不小心又胖回來了！等於是做白工。

那時候胖到哪邊都不想去，連喝個喜酒也因為沒有合適的衣服可以穿，就找很多藉口不出門。當時也堅持不願去買大尺碼的衣服，事實上也是不知道要怎麼去買？因為不管怎麼挑都還是停留在以前買衣服的模式，那些衣服根本就只能用硬塞的。連去服飾店試穿衣服時都會覺得很沮喪，隨便進去換兩下，根本也不想出來看鏡子，然後就很沮喪的跟店員說：「不用了，謝謝！」

後來，我整個人越來越懶，總是提不起勁，心態上也就越來越逃避跟墮落。這時候，我就更想用吃來發洩，一整個亂吃一通！

那段時期我是不吃早餐的，因為半夜都已經吃宵夜了，吃得很飽，隔天早上根本不會會有胃口。然

後晚上我會煮得非常的豐富，跟家人一起用餐。桌上所有吃不完的菜，又全部都被我塞進肚子裡，而且每次配飯都可以吃到2、3碗，我都笑稱自己是『飯桶』。我不僅吃得多、食量大，而且還是一個重口味的人，最愛吃麻辣鍋、泡麵和燒烤。

結果，吃了一整年的泡麵，吃到體內毒素都轉變成一顆一顆小小的、棕紅色的肉疣，像是小肉芽一樣，長滿我的脖子！那時候長得非常非常多，多到我都衝動的想要自己用小剪刀把它們通通剪掉！

後來去看醫生，醫生就只能叮嚀說：『油炸不要吃、辣不要吃，要睡好啊，這樣妳自然排毒就好了。』

唉，我怎麼可能做得到呢？！而且那些都是我最愛吃的，不能吃豈不是太痛苦了？（但後來我才知道，其實就算是愛吃那些重口味的，還是有瘦身的方法，到現在我還是愛吃那些美食，再也沒發胖過了，後面我會教大家。）

那些肉疣其實就是我們體內的分泌系統和代謝出了問題！有的人是長在脖子上、有的人是長在關節處，因人而異。

而到底我脖子上那一堆肉疣後來是怎麼慢慢消失的呢？說來真的很神奇，是有一天跟我的私人教練 kenny 在聊天時，他推薦我試試看美安的平泰秀。一開始我抹一點在臉上，但覺得味道聞起來怎麼有點像牙膏？怪怪的，就把它丟在旁邊沒去用了。

平泰秀

後來 kenny 又問我，我就老實說，kenny 就叫我有空還是要用用看，他說那個對皮膚很好，於是回家就想說不然乾脆拿來抹脖子的小肉疣好了，順便也抹一下冬天會龜裂的腳後跟看看，反正擺著不用也是浪費……

沒想到，我才擦了一個月的平泰秀就開始有感覺了！不但肉疣變少了，而且神奇的是脖紋也變比較細了！

嘗試一堆減肥法
體重卻再也回不去了！

沮喪歸沮喪，但我還是沒有放棄想要減肥的念頭！我也跟大家一樣，只要聽說哪種減肥方式有效，就一直去嘗試！

當時我買了一堆減肥瘦身書回來看，不過我很懶的照做，因為看起來都好難、好費力，所以後來都只把書當成是精神象徵，自我安慰一下。

我也會在電視購物頻道上買一些標榜可以瘦身的器材、瘦身飲品、瘦身瑜珈 DVD……等等，只要有興趣的都會買來試試看，到現在我家裡還擺著一台當初買的「氣血循環機」！

這台機器，也是我曾經嘗試過的錯誤減肥方式其中之一！我因為聽購物台介紹說它算是一種被動式的運動（一聽就感覺很省力～～）），人只要站上去靠它的震動力量，就像是在幫全身做運動一樣……

結果，當時我的身體狀況已經出了問題，但我自己還不知道，一站上去還沒 5 分鐘我整個人就覺得暈眩到不行！非常難受，只好趕快下來，因此這台機器到現在只能擺在家裡當「供品」。

那時候也有聽人家說去看中醫或西醫的減重門診，但是那些減重門診都要固定時間去看診，而且還要長期去，我平常要打理整個家庭和孩子的事情就已經夠忙了，根本沒時間可以常常去看診。再說，要去做這些用藥物控制體重的事，總讓我覺得怪怪的，老是覺得很丟臉、不夠光明正大，所以始終沒去試過。

後來，我也去買某個大明星代言、紅極一時的『xxx 瘦身精華』來抹，但對我根本是又貴又無效！我妹妹也曾給過我一條號稱會瘦身的按摩霜，抹了會發紅發熱，藉此加強代謝。結果抹上去後我的腳紅的跟蝦子一樣，然後雙腿變得好燙好燙，後來還嚴重到變成半過敏，整個長疹子！

我也試過吃辣椒減肥法，我想說我很愛吃辣，這實在是太合我意了，一定是 OK 的！然後我就在每一餐都吃辣，餐餐都有生辣椒加醬油，把所有的菜都沾辣來吃，或者是去吃麻辣鍋時直接喝它的辣油湯。

結果是，吃到我胃痛，把胃都搞壞了，還拉肚子拉得亂七八糟，雖然有因為瀉肚而瘦了一些，但是為了照顧這個胃，我又胖了好幾公斤！

就這樣，生完第二胎之後，我花了將近二年的時間，用盡各種方法減肥！但不管再怎麼努力，最後體重始終停留在 58-63 公斤，再也沒有辦法回復到結婚前的窈窕！

嘗試了那麼久也沒瘦，當時的心情真的是很憂鬱。

雖然，我很慶幸我老公從不嫌棄我發胖的身材，他總是會溫柔的跟我說：「沒有關係，妳即使現在這個樣子，我還是很愛妳。」他常說，我這樣肉肉的，摸起來也不錯。

雖然他不會嫌我，但我自己內心卻開始抗拒他來觸碰我，我相信這應該也是很多產後發福的妻子會有的自卑感。

因為妳必須面對的事實是：妳曾經擁有過一個非常美好的、非常標準的身材，但是後來身材變形了，妳突然就變胖了，而且還是很胖很胖！胖到妳眼看著自己的肚子多出了好幾圈，可能比妳老公的肚子還大！

而且妳的肉都是鬆垮垮的、有橘皮紋的、毫無彈性的掛滿全身！當先生要過來擁抱妳時，妳是會拒絕他的。因為妳內心的自卑在吶喊，妳對自己的不滿和厭惡比別人都還要高！於是夫妻間的互動和親密感會逐漸變得疏離。

本來，我的減肥之路還是會繼續下去，但直到後來突如其來的一場心臟病讓我在半夜被送急診，這才驚覺自到己的身體已經出了狀況。

有天晚上，睡到一半時我的心跳突然飆得很快，感覺非常非常不舒服，我趕緊叫醒我先生：「老公，我現在好不舒服！不知道為什麼我的心臟好像在打鼓一樣？跳得好快！」我先生嚇了一跳，趕緊將我送急診。

當時醫生一量：心跳已經飆到 1 分鐘 200 多下了，不得了！在急救時還因為一直無法回復正常心跳，一度生命垂危，院方也要求我先生簽下「死亡同意書」！在最後的垂死掙扎過程中，醫生的急救步驟也已經打到最後一個針劑了，如果再沒有效果，可能就沒救了！

我的個性一直是個完美主義者，從結婚、生子到帶孩子，我都力求盡善盡美，但是在這個過程中一定會遇到許多問題，比如：教養的問題、孩子的學習問題、跟家裡長輩的互動問題、跟先生的互動問題等，還要面對自己的肥胖問題，那時候我每天每天都覺得自己內心的種種壓力就快要爆炸了，但不知道會這麼嚴重。

不能做稍微激烈的運動
以為這輩子都跟減肥無緣了！

就這樣，我就像是在鬼門關前走了一回，勉強撿回一條命。

但出院重生後的頭 3 個月，我還是因為多次發病而不得不再次送急診、動手術，現在回想起來，真的是很可怕的一段經歷。

歷經心臟手術後，我開始注重身體的保養，體重則因為手術後而有些下降，一度掉到 54 公斤，但那是手術後身體虛弱的假象，是溜溜球效應，所以沒多久又回到 60 幾公斤，不過以前嚴重的水腫症狀是稍微減少了，但整個人看起來還是腫腫的，那時候我都笑自己的身材就像是一個剛出爐的波蘿麵包、是一個會走動的「固體脂肪」！只是經過那些事，我暫時不敢去考慮減肥的事了。

重生之後，讓我再度認識自己，對生命的意義也有了新的體認，因此和先生商量換個環境，重新體驗、規畫生活，於是我們找到了依山傍水的新家，遠離塵囂，也就是我們現在居住的地方。

有好長一段時間，為了搬進新家，終日忙於裝潢佈置，幸福的忙碌感讓我暫時忘了自己的肥胖問題，直到搬進新家之後，在整理舊照片時，突然翻到年輕時的照片，我看著鏡中的自己對比照片中的窈窕，心中的感傷突然一湧而上——這是我嗎？！這怎麼可能是我？！

但是難過稍縱即逝，內心又出現另一個聲音：「我已經是兩個孩子的媽了，孩子和家庭才是最重要的！能夠伴隨著孩子快樂的成長、能夠維繫一個甜蜜幸福的家庭，這一切的價值遠遠勝過減肥瘦身成功！胖胖的又怎樣呢？」我一直這樣安慰

著自己，幸福媽媽肥是值得的！是每個媽媽必經的人生階段。

就這樣，我也慢慢安於肥胖臃腫的自己，覺得人生不該奢求太多，孩子和老公才是重點，自己怎樣一點也不重要。直到後來有一次，我們全家人一同出遊到墾丁渡假，在泡湯閒話家常時，我不經意的憶起當年身材曼妙、追求者眾多的青春歲月，而我先生也得意的附和著我，說他當年是如何在眾多追求者中贏得芳心、把我娶回家的，看著他得意的笑著我也跟著他笑了。

此時，他突然冒出一句話：「唉，好可惜喔！那時候怎麼沒有拍下寫真集做紀念呢？」

當晚，我徹夜難眠，翻來覆去滿腦子都在想著我先生今晚的那句話、想著他感嘆的心情、想著他是不是跟我一樣懷念過去那個美麗窈窕的老婆？想著想著，突然流下淚來。誰不想一輩子都美美的、不要變醜變老？難道，變胖變肥變醜變老，就是擁有幸福的家庭、孩子，所必須付出的代價嗎？

感傷歸感傷，但日子總是要繼續過，我也知道我的心臟和身體，根本不能再負荷任何稍微激烈的減肥方式，就像當時韓國鄭多蓮的書熱賣，我也受到激勵，看著她成功的瘦身過程和現在的健美，讓我好羨慕，所以我也去買了她的書來看，希望自己將來也能跟她一樣，快一點變回之前的身材！

但是，當我翻開書嘗試想要跟著書中的運動來練習時，我發現書中很多運動是有氧加上肌力，**對我來說都太過激烈了**！做過心臟手術的我，根本無法承受，才只是稍微嘗試一個動作，我的身體立刻就很喘、覺得很不舒服，加上動作做的不專業，使得膝蓋和腳承受的壓力過大，造成運動傷害。

於是，我把她的書又收起來，不敢再試了。

之後，一如往常般，我繼續每天忙碌於家庭生活、照料三餐、陪伴孩子，算是徹底打消了減肥的念頭，心想應該沒有那種不費力就能瘦下來的方式吧？即使坊間那些強調絕不流汗的運動，對我來說都還是會很喘、流很多汗。

後來，一個我這輩子永遠也想像不到的轉機出現了，這個機緣改變了我41歲以後的人生！

出現轉機

改變了我［41 歲］以後的人生

那時候，我都安排孩子下課後在住家附近的高爾夫練習場練球，有一次高球教練跟我說，要不要考慮讓孩子去上一些體適能之類的訓練課程？這樣對孩子的揮桿和體能都會有很大的幫助。

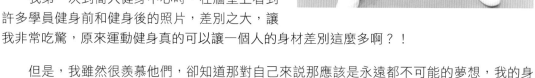

我的私人教練kenny.

當時我對體適能到底是要上什麼課？還沒有任何概念，於是我就近去住家社區附屬的喬大體適能健身中心看看，我想找教練詢問關於安排孩子來上課的細節，就這樣，我認識了 kenny 教練。

我第一次到喬大健身中心時，在牆壁上看到許多學員健身前和健身後的照片，差別之大，讓我非常吃驚，原來運動健身真的可以讓一個人的身材差別這麼多啊？！

但是，我雖然很羨慕他們，卻知道那對自己來說那應該是永遠都不可能的夢想，我的身體和心臟，根本不可能做什麼運動，更別說是減肥了！

但由於我是個照顧小孩會凡事都親力親為的媽媽，為了幫孩子安排最適合他們的體適能課程，於是那天我就詢問了 kenny 教練很多問題，越聽他講，就越覺得自己也好想來試試看！於是我問他：「如果我也一起來練，是不是真的有可能跟牆壁上照片中的人一樣瘦下來？一樣健美曼妙？甚至回復到我年輕時的身材？」

他回答我：「如果妳沒有半途放棄，一定可以。」

「真的嗎？那大概需要練多久才能有那種程度？」

kenny 說：「3 個月。」

我非常驚訝：「3 個月而已？！真的可能嗎？」我可是曾經試了 2 年多都沒有瘦下來過耶！

kenny 說：「只要用正確的運動方法和改變飲食習慣就可以。」

但是，我的身體跟別人不一樣，別人能練的，我能嗎？我把我的身體狀況告訴了 kenny，他跟我說，他會根據每個人不同的狀況來規劃運動的內容，如果我不適合激烈的運動，他就會安排我適合的項目。

聽了我好心動！而且只要 3 個月就能瘦身成功了，還能練出漂亮的線條，這是多棒的事啊！但是……我的內心還是很掙扎、很猶豫，畢竟這是一種冒險，我也一直問自己：我真的可以嗎？我做的到嗎？會不會又送急診？想了好久好久……

後來，我決定讓孩子先去上體適能的訓練課程，然後我從中觀察整個過程。而在 kenny 的安排下，我也去上了體適能的體驗課。沒想到上完一堂課後，我發覺這樣的運動很 OK 呀，一點都沒有想像中的困難或疲累！

最後，我下定決心，並在內心告訴自己：「我要！我一定要找回年輕時的自己！我一定要改變自己！」於是我回家後開始計畫和安排自己的時間，原本我所有的時間都是屬於家人和孩子的，我沒有什麼私人的時間可以去做自己想做的事，多年來也從來不覺得有什麼不方便的，但那天我發覺要挪出一些時間來上課，還真的是需要很多決心的。

喬好時間後，我又開始猶豫了！

因為我實在是肥胖到很沒有信心穿上運動服去上課！很怕穿上運動服之後，身上的肥肉都隱藏不了、跑出來被看見了！那會有多丟臉啊？！到時候教練會不會說：「喔，原來妳這麼肥啊？那我估錯時間了，妳可能要 3 年……」

一想到這裡，我決定先偷偷減個幾公斤，等比較瘦一點了再去上課好了。（當時自己真的是超級沒自信的！都要去運動瘦身了，還先偷偷減肥幹嘛？！噗~）

結果我又花了 1 個多月的時間，有一餐沒一餐的餓肚子減肥，從快 60 公斤瘦到 58 公斤，減了將近 2 公斤後，就找 kenny 教練開始正式上課。

才6週，出現第一個［驚人的變化！］

但是在那1個多月裡，因為常常餓肚子，每次到晚上都覺得肚子很餓很餓、心情很不好，弄得情緒很不穩定，人也變得有點憂鬱暴躁。

這種情緒上的痛苦和暴躁，直到真正開始跟 kenny 學做體適能、進入了健身房之後，才慢慢改變和回復穩定。

萬事起頭難，要開始運動的第一天，我內心還是掙扎了很久，但是之前上過 Kenny 教練的體驗課程後，發現運動沒有想像中那麼困難，**達成目標的重點是方法！**

他根據我的身體狀況，幫我從中找出適合的運動，或是把原本的動作放慢，配合我的呼吸節奏，變成比較和緩的訓練方式。並且幫我規畫了三個方向，包括：**飲食，生活習慣，以及個人化的運動。**

我怎麼也沒有想到，有一天我的夢想真的會成真！從開始接觸體適能之後，不過才6週的時間，我身上就開始出現了第一個驚人的變化！👀

「3個月奇蹟！

「不知不覺」就瘦了10公斤的

「逆齡美魔女 神奇瘦身班」！！

We Have Created
A Miracle.

四階段瘦身運動 +
獨創的「小 baby 飲食法」！

Kenny 在開始設計專屬我的、適合我的運動課程之前，先幫我做了一次心肺測試，他把一個儀器戴在我身上，就能準確測量和記錄下我心跳和脈搏的變化。

然後當我在做運動的時候，他就能看出我做了多久的運動之後，心跳會達到什麼樣的程度？以及我可以承受的運動強度到哪裡？全部都了解之後，他依照我的狀況和目標，很有信心的確認我在 3 個月內就能回復到年輕時的體態！

我的課程是：一個禮拜進健身房二次、一次練 1 個小時。這 1 個小時的內容主要是分成 4 個階段：

第一階段，先做 10 分鐘的「伸展拉筋暖身訓練」。

第二階段，是 30 分鐘的「肌力訓練」。

第三階段，是 10 分鐘的「心肺有氧運動」。

第四階段，是 10 分鐘的「收操暖身」。

第一階段做的「伸展拉筋暖身訓練」，主要是讓運動前的我可以先舒展一下筋骨和肌肉，可以預防運動傷害，也可以讓我之後的精神更集中。

第二階段的「肌力訓練」，是為了增加我們的肌肉量，肌肉量增加，就會提高熱量的燃燒和代謝，因此可以讓運動的效益倍增。kenny 規劃的肌力訓練主要是集中在我的腹部和下半身。

第三階段的「心肺有氧運動」，因為我不能做太激烈的動作，所以 kenny 會特別把很多連續動作拆解之後才讓我練，而且平均每 3 分鐘，就休息 1 分鐘，讓我的心臟也不至於負擔過度。

第四階段的「收操暖身」跟一開始的暖身操不太一樣，它是靜態伸展，主要是由 kenny 幫我做被動式的伸展和大肌肉的運動按摩。

大肌肉是指大腿、小腿、背部等，kenny 會以他的手臂或手肘，幫我做大面積的按摩，這樣做可以舒緩我的肌肉疲勞，也可以讓教練知道學員的肌肉狀況。

我一開始做的運動，大概就是這些內容，這 1 個小時內，只要 kenny 發覺我會喘，就會停下來跟我聊天、休息幾分鐘之後再繼續。

而飲食方面：

教練當時所開給我的飲食調整方式，就是前 6 週完全不碰澱粉，然後再搭配一些營養輔助品。

但因為我自己有一點營養學的背景，再加上我很愛吃米飯，我知道完全都不碰澱粉對我來說可能是不對的，所以我自己修正為只有晚餐不吃澱粉，而且也只有在健身房訓練的那 3 個月內才嚴格執行，之後就可以恢復正常的飲食習慣，不需要刻意戒除澱粉。

以背景學出方法，，展出「小baby瘦身」研究完整營養食計畫

除非我有感覺自己又開始變胖，才會再開始晚餐不吃澱粉一段時間，所以下面要講的那些飲食方式，主要還是照著我自己的原則來做的。

這些飲食方面的知識，其實都是我自己很早之前就知道的了，只是一直沒有決心去執行它。相信很多人也一樣，知道歸知道，但會不會真的嚴格遵守又是另外一回事！

我之前認為自己的身材走樣是一種幸福肥，可以說是當了太太、媽媽以後，就忙著照顧家庭和小孩，生活作息不正常、吃東西也沒有特別注意節制，所以不知不覺自己就變成那樣了，等胖到開始有自覺之後，才會對自己有所要求，飲食習慣也才會認真的去控制。

我的飲食調整秘訣是：

Ⓐ 採取少量多餐的「小 baby 飲食法」。

就是每 2～3 小時進食一次、晚餐不吃澱粉、水果一天只吃一次，份量只有拳頭大。

Ⓑ 原則上不吃加工食品、垃圾食品，並且以優質蛋白質和蔬菜為主食。

> ♛ 小 Baby 飲食，就是平均每 2 個小時就吃點東西，就像小 baby 一樣不能餓肚子！
>
> ♛ 然後，一定要吃得均衡豐盛、要有好油、要有適量的碳水化合物。
>
> ♛ 再來，每天早上我會先吞 2 顆魚油，魚油可以欺騙你的身體，讓你的身體不會那麼容易餓、不會急速升醣，因為升醣太高就很容易產生飢餓感。

第一次上完瘦身課程
隔天竟然痛到哭了！

飲食的攝取數量和方式是非常重要的，沒有那種所謂吃不胖、大吃大喝後還會愈來愈瘦的食物！當你進食的熱量高於消耗代謝掉的熱量時，身體就會把還沒有消耗的熱量轉換為脂肪，儲存在身體裡面，就一定會發胖。

所以，減肥的飲食重點在於你所選擇的食物，是否吃對了食物、還有進餐的時間和次數，都會影響到你會不會變瘦。

但這些飲食原則也都要依照個人的生活作息而定，舉例來說：如果有個護士上班時間是下午 2 點到晚上 10 點，那麼她就不可能早上 8 點就吃早餐，而是她中午起床後、上班前的第一餐就算是她的早餐。

所以一定要依照每個人不同的生活作息和習慣，來擬定適合自己的飲食方式。平常只要吃對了食物，接著再加上運動來提高新陳代謝和消耗熱量，你就可以消除脂肪、養肌肉。

飲食平衡了和做了對的運動，只要持續 3 個月或一段時間 (每個人的狀況稍有不同)，我相信你一定也能跟我一樣擺脫多年的肥胖痛苦！達到你想要的體重和線條。

努力！
努力！

開始跟著 kenny 第一天正式上課時，我發覺自己整個人都笨重如牛，才稍微動一下就氣喘吁吁的，一個動作做沒做幾下就一直喊停，躺在旁邊只想休息（好慘～），還好 kenny 是我的私人教練，不然如果旁邊有人的話一定丟臉死了！

好不容易熬到下課，我心裡實在很懷疑自己還有毅力堅持上完 3 個月的課程嗎？我看不用 3 次，我的半條命就差不多沒了吧！

拖著疲累的身軀回到家中，立刻泡了熱水澡好好舒緩一下今天運動所帶來的疲倦和疼痛，感覺好像舒服多了，晚上躺在床上時，自己還開心的想著：我真的好棒喔！這麼難的事情也做到了！第一天總算順利完成了

（咦？ ）、「3 個月瘦身計劃」已經去掉一天了！晚上好好的睡覺吧，準備迎接美好的明天！

第二天早上，我依舊 6 點起來為先生和孩子準備元氣早餐。當一家人用餐完畢後上班的上班、上學的上學，剩下我獨自一人在廚房裡收拾著時，我就再也忍不住的……

哭了！

因為從早上一下床開始，我就發覺自己舉步難行、雙腿動彈不得，痛到很不想下床！

我不敢讓家人知道去上課之後腿這麼痛，還是強忍著疼痛完成了元氣早餐，當時我還不知道是怎麼回事，以為是自己生病了，正在想說這樣該怎麼辦？之後怎麼去練啊？……這時，kenny 剛好打電話來關心昨天上課後的狀況，我難過的跟他說早上發生的情形。

結果，kenny 跟我說，這是必然的，因為我長期沒運動，體力、耐力和肌力的狀態都很不好，所以才會痛的比較厲害，這是正常的，痠痛最好的解決方式就是休息。所以 kenny 叫我好好休息 2 天，3 天後再去健身中心進行第二次的課程。

3 天後我再去上第二次課，當時的身體狀況非常好，但教練還是幫我稍稍又減低了一些動作的強度，雖然還是常常喊停休息一下（因為胖嘛～），但回家後已經沒有感覺那麼痠痛了，照例泡個澡後，整個人有種從未有過的輕鬆、舒暢和滿足感。

接下來，我很固定的每週去健身房 2 次，風雨無阻，從來不曾因為太忙或是發懶就不去，我以為自己會因為第一次上完課太痛就半途而廢，沒想到我竟然非常認真的堅持到底、非常認真的照著教練幫我規畫的運動內容來做，連 kenny 都很訝異我竟然沒有半路落跑！

第一個奇蹟出現：

我竟然可以穿回 [14年前的小短褲]！

就這樣，我開始讓自己力行瘦身運動和飲食控制，來調整身體。坦白說，我知道自己應該要開始改變，但真的還是不太相信3個月後就能瘦，更不用說是瘦回婚前的體重了！但是就算最後沒有瘦下來，不過能讓自己更健康一點、體能更好，也是一種收穫。

當時的我只是這樣看待這3個月的瘦身計畫，並沒有抱著太大的期待，所以也從不去量體重、沒有仔細注意過自己到底瘦了多少？瘦了沒？也不像其他想減肥的人，一直對體重公斤數患得患失，我只是乖乖的照著kenny幫我規畫的運動課程來做 + 自己的獨家飲食控制法 + 一些瘦身副食品……沒想到，沒有多久，**第一個奇蹟出現了！**

就在我持續了1個半月(6週)之後，我妹妹Taco有一天看到我，她充滿疑惑的看著我，突然問了一句：

「姊，妳瘦身成功囉？怎麼都沒聽妳說？」

「怎麼可能？！我才剛開始上課沒幾次耶！是正要開始準備瘦身才對……」

「不對，我覺得妳瘦好多！不信妳去量量看。」

第一個發現我變瘦的人是親愛的妹妹Taco。

我半信半疑的走回房間照鏡子，看著自己的臉和身體……嗯，好像是有瘦耶。平常因為實在太忙，我很少會注意自己的事情，生活的重心一直都是擺在家人身上，所以我幾乎忘了應該要注意自己體重的變化……再加上很多人應該有類似的經驗，就是不管你是變胖了或變瘦了，通常都是旁邊的人會比你先發現！

聽妹妹這樣一講，我趕緊去量體重：53公斤！我竟然瘦了4公斤多耶！

我看著自己明顯小一圈的腰圍，好奇的翻出年輕時很愛穿的「辣妹小短褲」……天啊～～！！這是真的嗎？！我居然可以穿回14年前的小短褲耶！！

我欣喜若狂～～！這是真的嗎？是真的嗎？我不是在作夢吧？？看著鏡中的自己，我不斷的尖叫著！

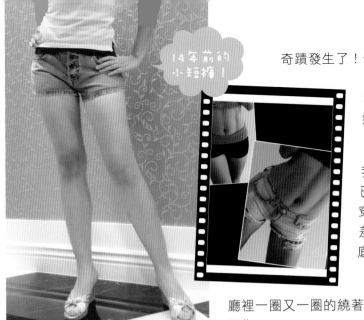

14年前的小短褲！

奇蹟發生了！奇蹟真的發生了！不可思議！我不是才剛剛開始瘦身課程嗎？才6週而已，怎麼可能就瘦了一大圈了呢？！

而且，好奇怪喔，為什麼我現在的體重是53公斤，但已經可以穿上年輕時48公斤所穿的小短褲呢？！這……足足差了5公斤耶！！！？？？到底是怎麼回事呢？？

我就這樣穿著小短褲在客廳裡一圈又一圈的繞著，內心的喜悅和激動久久無法平復！

我第一個念頭就是：等我先生回來，我要第一個跟他分享我的喜悅和成果！我要讓他看到我穿上小短褲的模樣，回憶起年輕時候的我！耶！

當晚，我先生比我更開心的為我拍下穿小短褲的照片做紀念！他跟我一樣驚訝在這麼短的時間內，我就做到了！我瘦了一大圈！

要不是妹妹的提醒，我還真的不知道我瘦了這麼多！

真的是在**不知不覺中就瘦下來了！**

好神奇！完全是不知不覺！

我完全都沒有感覺整個運動過程有流汗或很費力！

也完全沒有挨餓或吃的東西變少、變清淡！

我一天還是維持吃6餐～8餐的大食量！甚至還是照吃我最愛的燒烤和麻辣鍋、大魚大肉！連白飯都吃很多！

但我不但還是瘦了，而且瘦下來的線條比以前用挨餓減肥法瘦的還好！之前就算瘦到54公斤，但小短褲一樣穿不上，現在53公斤，就能穿進去了！！到底是差別在哪？這樣的瘦身法怎麼會這麼神奇？！

教練跟我說，那是因為我用的瘦身法是正確的，所以減掉的是脂肪而不是肌肉和水分！脂肪和肌肉的體積重量不同，同體積的肌肉大約是脂肪的3～4倍重，而這次我是減掉4公斤多的脂肪，可想而知會是多大的體積！

所以，減肥方式正確，才是讓我能穿回14年前小短褲的最主要原因！

［3個月瘦身計畫］大成功!!
我從 L 號衣服穿回 XS 號
甚至是 XXS 號!!

接下來，我每次去上課都懷抱著萬分雀躍、萬分期待的心情！

我知道這個運動計畫是有效的，而我的飲食控制計畫和瘦身副食品的搭配也是非常正確的，所以才會在1個半月後就有了這麼好的成果！

所以，我只要再繼續努力下去，再過1個半月，就可以達到我的目標：瘦回婚前的體重和身材了！！

天哪~~ 這真的不是夢耶！有什麼比已經可以預見不遠處有等著妳的美好奇蹟，還更鼓舞人心、更讓人興奮的？！

就這樣，接下來的1個半月裡，我也變得更認真了，不僅確實做好飲食的把關，而且除了固定時間去健身房跟教練做運動之外，沒有上課的每一天我都會在家裡勤於做伸展和拉筋。

因為我自己也很用功的在研究這些運動，發覺伸展拉筋是非常好的動作，它可以安撫肌肉，讓緊繃的肌肉在伸展得時達到放鬆，而且伸展運動所鍛鍊出來的肌肉線條會比較修長漂亮，跟重量訓練鍛鍊出來的很不一樣。就像我們在做麵包一樣，麵粉要先和一和，想要讓它有彈性，就要去**揉**它；想要它賣相好一點，就要去拉它，就好像拉出我們的線條一樣！

結果，又過了1個半月，我終於完成了3個月瘦身計畫課程，來到了成果驗收日……

我真的達成目標了！我終於成功的瘦回去了！

我的體重 49~50 公斤、體脂肪從 31% 降到 19%、腰圍瘦了 10 公分，3 個月下來我總共瘦了 8 公斤左右，不僅衣服尺寸從 L 號變成改穿 XS 號的、甚至連 XXS 號都穿得下！整個人連精神體態都變得更好了！

而且，還比預期的效果更好：

我還練出了非常罕見漂亮的「人肉馬甲線」！

我到現在還是不敢相信，自己居然可以在短短的 3 個月內就找回年輕時的身材，而且線條和體態還更漂亮！

在這瘦身計畫的 3 個月裡面，我的心情非常平和，因為我的飲食恢復正常，身體達到平衡的狀態、精神也越來越好，我發覺自己包括體態、精神、專注力都保持在最好的階段。

而且持續的運動，會刺激腦內啡增加，會讓我們產生一種很愉悅的感覺，而之前使用餓肚子減肥法，只會讓自己的情緒起伏變化很大，因為你一直處在挨餓的狀態下，精神上也一直在壓抑，只會讓我們的身體和心靈都失衡，因此會變得很不健康。

能夠順利瘦身成功，Kenny 功不可沒！

瘦身之後，比年輕時還重 2 公斤
但是看起來更瘦、線條更漂亮！
也沒有水腫！

我瘦身成功之後才明白，年輕時的我體重雖然輕，但是身上肌肉比例少、而脂肪多的關係，所以……目前我成功瘦身來到快 50 公斤的體重，但卻比年輕時的 48 公斤看起來更瘦、更苗條結實、更沒有水腫、泡泡的感覺！

不僅如此，瘦身之後身邊很多很多的朋友都說：為什麼我不僅僅是瘦了，而且還看起來越來越年輕了！

我也感覺到自己的容貌和體態、精神，每天每天好像都在 "進化" 一樣！每隔一段時間檢視自己的狀態，都會注意到自己不管是在皮膚、外表、神態上，都有越來越 "逆齡" 的感覺！

後來，有些媒體還直接以「18 歲比基尼嫩模」、「不老仙妻」、「像大學生的美魔女」……來稱呼我這個已經 42 歲、有 2 個孩子的媽，讓我覺得既驚訝又有趣。

能夠瘦身成功都要感謝 kenny 教練帶我認識了伸展拉筋和肌力訓練；也要感謝我的先生及孩子們一路陪伴我、鼓勵我、配合我，才能讓我順利完成課程，以及達到今天的目標。

為了慶賀我瘦身成功，教練也很開心，就幫我照了一些照片 po 到網路上，沒想到立刻得到很大的迴響！經過一些網友轉貼連結之後，連新聞記者都注意到了，開始將我的照片和故事發表在網路上，接著，不到一天的時間，又有更多接踵而來的新聞媒體、電視台突然找上門來，說要採訪我和請我上節目！

這些突如其來的爆紅和邀訪，讓我實在是太意外了，而且也很驚恐！所以一開始我一律都是拒絕，因為並不想出名，也很害怕出名。我從來都沒想過要紅啊什麼的，我一直都認為我的身分就是個媽媽、我應該是一輩子當個家庭主婦、好好的照顧好我的家人和孩子就好了，當初想瘦身也只是為了老公和自己而已，沒有想到會這麼轟動。

後來，開始有許多不認識的網友和我分享她們的「女人心事」，分享的內容不外是她們遭遇到一些家庭問題、或是面對自己身材的走樣的痛苦，甚至已經到了心靈上、生活狀態上都處於半憂鬱的狀態。

這些不認識的女性朋友們因為看到我成功的例子，所以她們願意卸下心防，跟我分享她們內心最脆弱的那一塊，我覺得很感動也很開心！

所以後來慢慢的，我心想，如果我的例子能夠鼓勵到別人、對別人有所幫助，那也算是做了好事，因此想通了之後，就接受了兩家電視台的採訪，結果又因為這些曝光，又讓更多的人認識、知道我，我也因此交了不少朋友，來問問題的人也更多了！

網路爆紅，被媒體封為：

「像大學生的美魔女」、「不老仙妻」
「18歲的比基尼嫩模」……

像 是有些爸爸們會問我有關元氣早餐要怎麼做？媽媽們也會問我親子之間的教養問題，還有些生產過後的女性很關心身材的恢復問題……結果，好像也是因為這樣越傳越廣，聽説一度還紅到一個知名的電玩論壇上有許多關於我的討論。

接著許多節目、報紙、網路和雜誌都來邀約，不光台灣的，連大陸的上海電視、湖南衛視、報紙和網路、香港的雜誌，甚至是日本的電視台都不斷打來邀我上節目，説要做我一整天的生活，包括運動、飲食、親子互動……等等的專輯。

面對這麼多熱情的媒體和網友支持我，除了很感謝大家的厚愛之外，在這本書裡也一定會完全不藏私的分享我所有的秘訣：

我到底是如何瘦身成功的？我是如何練出馬甲線的？我的飲食控制祕訣又是什麼？我都吃什麼樣的瘦身副食品？我最獨特的小baby飲食法又是什麼？甚至我是如何保養的？爲什麼可以越來越"逆齡"？……我都會在後面的篇章裡一一告訴大家。

Chapter 03

美魔女的瘦身計畫 飲食控制

「小baby飲食法」：

一天吃6餐、絕不餓肚子
加強提高新陳代謝。

我一天吃 6~8 餐
再也不怕復胖的飲食秘訣！

很多人都不知道，我其實是個一天要吃 6~8 餐的大食女！

除了三餐之外，我還會吃下午茶、餐與餐之間的小點心、宵夜……等等，我不喜歡讓自己餓肚子，因為一餓肚子心情就不好，而且減肥期間也不該餓肚子，所以我平均每 2~3 小時就會吃一次東西。我什麼都吃，但比較偏愛重口味的，例如麻辣鍋、燒烤……等等，而且我特愛吃白米飯，所以我常戲稱自己是 " 飯桶 "。

我在實行 3 個月的減肥計畫之前，就是這種食量和吃法了，所以很容易胖！

然而，我開始實行減肥計畫之後，食量還是一樣大、吃的東西還是一樣多，只是有改變吃法和進食的方式、時間，以及搭配一些副食品，再加上正確的運動，所以我不僅不會再變胖，甚至有時候外出聚餐大吃大喝後也不用擔心發胖！

烤披薩是我最愛的美食之一！

我的一天吃 6 餐，可不是隨便亂吃、或是毫無節制的大吃，必須使用正確的進食方式和飲食搭配，才可以吃得健康又美麗的。

我的「6餐」飲食分配原則：

06：00	起床	空腹先吃魚油2顆	吃好油，平衡血糖
	做早餐	早餐喝溫檸檬水	排除體內毒素
07：00	早餐	元氣早餐	豐富多元早餐 啟動身體能量 活化腦部細胞
10：00	點心	什錦堅果，咖啡水	
12：00	午餐	營養均衡午餐	一份肉＋三份菜＋一小碗飯
15：00	點心	蘋果一顆、ＯＰＣ適量	
18：00	晚餐	瘦身晚餐	肉和菜的比例1：3，不吃澱粉
21：00	宵夜	海帶芽蛋花湯或其他	

備註：

1 這是我的6餐飲食分配模擬，並不是每天都吃一樣的內容，後面會介紹我吃的東西和進食法。

2 在3個月的瘦身期間，晚餐以不碰澱粉為原則，當體重達成目標後，就恢復正常飲食。

關於我的飲食法 01：
為什麼一早要先吃〔魚油〕？

要控制好「體重」，就先要控制好你的「血糖」，血糖平衡，才能幫助你的生活飲食正常。

在日常生活中，我少吃糖的習慣力行多年，我深信少吃糖能帶給我身體健康和維持身體平衡，以及穩定血糖狀態。因為糖會快速提升胰島素大量分泌，而胰島素的其中一個功能就是儲存脂肪！

像很多運動員為了提供身體更強的爆發力，會吃糖以及高碳水化合物的食物，來迅速得到身體所需的能量，所以有人形容，補充糖就像我們在燒紙一樣，一下子就點燃了，爆發力快又猛，但是不持久。

所以吃糖和高碳水化合物，能快速讓身體感到滿足，但是能量燃燒的快，也很容易很快就產生饑餓，因此，平衡血糖對體重的控制是有很大的影響！

而只有好的油脂與蛋白質才能減緩糖進入血液的速度，和有效平衡穩定血糖。

當我們一早起床，啟動身體能量的第一口食物和第一餐，就已經決定了你一天的血糖平衡狀態，所以我每天早上會先空腹吃 2 顆魚油，讓自己吃的第一口食物就是「用好油來平衡血糖」。魚油可以欺騙你的身體，讓你的身體不會那麼餓，不會急速升醣，升醣太高就容易很快產生飢餓感。

除了魚油，我們平日都該多吃一些好的油脂。那好的油脂有哪些呢？其中一種就是肥肉的油。

像有些人會不吃肥肉，可能擔心對身體不健康，但我要告訴你們：不用擔心買到帶肥的肉，因為它就是好油。所以如果是比較肥的肉，你就可以用乾煎的方式，除了能將它的油脂逼出來之外，也不用再添加其他的油了。

還有，燉雞湯的油，我也會特別撈起來冰在冰箱裡，另外再做使用，像是用來拌麵、拌青菜。

再來是橄欖油，也是好油，特別適合跟蔬菜類搭配，但因為它是由植物提煉出來的，屬於不飽和脂肪油，所以它雖然是好油，但是比較不穩定，不適合拿來加熱，我比較建議直接加在涼拌菜中、或是做沙拉之類的。

此外，堅果類也是好油，多吃堅果除了對身體和頭腦都有益之外，也能吸收到好的油脂。

我特別強調要多吃好油的重要性，就是希望大家在減肥瘦身的時候都可以瘦得很漂亮，而不是皮膚乾乾癢癢、粗粗的，因為油脂的主要作用，就是能滋潤我們的皮膚、以及修護細胞。

像我在開始準備進入3個月瘦身訓練的前1個月，那時候因為一直節食，我就發現我的皮膚變得乾乾的、很沒光澤，也沒什麼彈性，可能就是因為我幾乎都不吃什麼油脂，加上又突然瘦下來，結果營養補充得不夠、身體缺少滋潤而造成的。

之後，我開始吃很多的五花肉、喝很多的雞湯，皮膚就好很多了。

關於我的飲食法02：

瘦身晚餐怎麼吃？
真的可以吃掉半隻烤鴨也不會變胖嗎？

我的瘦身晚餐只有一個原則：**不碰澱粉**，然後就是適量不過量，這2點應該很容易做到吧？

晚上不鼓勵吃太多澱粉食物的原因很簡單，是因為澱粉很容易造成血糖和胰島素的波動，而且它會吸附油脂和高鈉，讓代謝變得更不容易，第二天就容易水腫，所以我的晚餐飲食原則就是**盡量多吃蛋白質和蔬菜**。

什麼肉類都可以吃：雞、鴨、魚、豬、牛、海鮮，隨你心情而定，不用怕。但只能選擇其中一種肉，然後一定要搭配蔬菜！

重點是：**肉和菜的份量比例是1:3的搭配方式**！如果你可以吃下一隻雞，也請你一定要吃下有三隻雞份量的蔬菜。

有一次，我晚上跟朋友家人有聚餐，所以晚餐時我很開心就吃了半隻烤鴨，但同時我也吃了三倍烤鴨份量的蔬菜。

再來，吃的時候一定要有技巧，因為晚餐不吃澱粉的原則，所以我不用餅皮包烤鴨肉片，而改用生菜來包鴨肉片，我發現生菜包鴨肉和豆芽很好吃呢！

另外，我又燙了兩種不同的青菜，有地瓜葉和豆芽，而且我還喝了海帶芽湯，這一餐吃完我超級滿足的，也吃的好飽，連宵夜都免了。

那天，因為晚餐吃的好飽，精神也很滿足，所以回到家中我又多做了一下伸展拉筋和大球仰臥起坐運動，結果隔天早上起來一量，體重還變輕了呢！神奇吧 ^^

而我的進食順序大概是：除了瘦身期間晚餐不吃澱粉之外，一般用餐的時候，我會先吃菜和肉，然後喝一些湯，再來才是吃澱粉。

此外，我很愛煲湯，晚餐和宵夜我都常吃煲湯，因為我們在煲湯的時候一定都會用到好的蛋白質，像是各種不同的肉類、魚、蔬菜……等等，所以好的油脂、蛋白質都會在裡面，讓煲湯的營養非常均衡，這些都是我們身體很需要的，所以我通常都是一大碗煲湯，裡面加很多的蔬菜、配上一隻雞腿或是很多排骨，就會讓我吃得非常滿足了。

關於我的飲食法 03：

慘了，減肥期間忍不住跟朋友去
「大吃大喝，該怎麼補救？」

在瘦身飲食控制期間，難免需要外出應酬聚餐，這時候，我會把避免不了大吃大喝的這一餐，當成是滿足口腹之慾的「破戒餐」！

偶爾讓自己破戒一次，不需要看得太嚴重，因為吃東西跟心情有關，總是提醒自己在減肥，不能吃這不能吃那的，不覺得很痛苦嗎？這樣也會壞了聚餐的氣氛，其實只要知道正確的補救方法就好了！

補救的法寶就是：在「破戒餐」餐前半小時我會先吃白腎豆 1 顆和藤黃果 2 顆，它們是阻斷油脂和醣分吸收的營養食品，可以避免我攝取過多熱量，破壞了我的瘦身飲食計畫（「破戒餐」以 1 週 1 次為原則，多了身體還是會吃不消的）。

在外食餐廳的選擇方面，並沒有太多限制，只要你遵守肉和菜是 1：3 的比例原則來吃，餐前再遵守服用藤黃果和白腎豆，這就是我不管吃下任何美食料理，都可以吃得很放心、不用擔心變胖的祕訣。

不過我在外食的時候，我會特別注重飲食的順序，通常會先在第一口吃肉，讓自己有滿足的感覺，再來吃一大盤蔬菜，然後喝湯。我比較不會有什麼樣的食物刻意不吃，但是像甜點部分，我就會比較節制，如果吃蛋糕，我不會全部吃完，而是只吃個兩口。

跟你們分享，我在進行瘦身計畫期間，最愛吃的「破戒餐」就是"牧場日式餐廳"的昆布涮涮鍋，或是一些燒烤。

每次我都大口的吃肉，和各式各樣的蔬菜，來滿足口腹之慾，慰藉精神上的壓力，而且我一點也不擔心會攝取過量，因為在餐前半小時我已經吃了補救法寶，所以安心的大快朵頤一番！

當然，最後在睡前我也不會忘了要吃 2 顆淨體素，以便隔天排便順暢、潔淨腸道。

不過，我還是要強調一次，這些瘦身營養品只是偶爾有外食時的急救方法，最重要的還是養成正確的飲食和運動習慣，如果每天大吃大喝又不運動，只想靠著這些補充品瘦下來，那妳一定會很失望，因為它們的效果有限。

關於我的飲食法 04：

為什麼不吃早餐容易胖？ 一定要吃這麼多、這麼豐盛嗎？

我非常看重早餐，它一定要豐富多元，有肉、有油、有蔬菜，和少許的澱粉。我家餐桌上的早餐一定都很豐盛，我都叫它「元氣早餐」。

大家看我每天都在 FB 上 PO 各式各樣的早餐，很好奇我的早餐怎麼會那麼豐盛？我到底吃了什麼？都很愛問我，妳真的每天都吃這麼多嗎？

是啊……我是每天都吃這麼多種類啊！但我不是把這些份量全部吃光光啊！我喜歡選擇很多種類的食物、有各種的營養成分，然後都吃個 3、5 口就飽了。

實際上，我吃早餐不會讓自己吃到很飽很撐，但是我在精神上的滿足是很飽的！而且這樣我們的營養會比較多元，所以我們家每天一定都會有很豐盛的早餐，這個還滿重要的！

為甚麼現在很多人都不吃早餐？因為早上趕著上班？起床沒有時間？現代人很多飲食觀念不好，都會想多睡一點，所以就會開始簡化你的早餐，甚至是不吃早餐，我覺得這是最大的問題。

如果真的沒有時間自己做早餐，還是可以有很多元的選擇，例如：你可以去 7-11 買早餐，可以選擇一個御飯糰，外搭一盒生菜；或是冬天改配關東煮替代熱湯，重點是給自己一個精神上的滿足，只要你覺得這樣夠了，就很棒。

所以早餐是無設限的，如果你能跟我一樣每天 6 點起床做豐盛的早餐，那當然是最好，不然的話也應該吃一些讓自己覺得有滿足感的早餐。

很多人比較看重晚餐，可能覺得可以跟家人朋友共享、時間也比較多，但我反而覺得應該是要反過來，把晚上放鬆的心情拿來早上享受，你就可以好好的吃、沒有負擔的吃，因為很多人在晚上吃東西的時候都會擔心：哦！我又肥了……但你早上怎麼吃都不用怕，哪怕你真的吃很多，中午自然就會吃少一點，因為那是身體很自然的一種平衡，你就不會想吃。

營養滿點，是活力的開始！

　　另外，吃早餐還有一個很大的好處，就是可以讓你頭腦清醒、讓自己有很好的精神，有吃早餐的人也比較可以加速新陳代謝！

　　最重要的是，吃了早餐，你的午餐就不會隨便亂吃，因為如果沒吃早餐，你中午就會很餓，然後就會亂選，也會吃過量，這樣一來就會觸動你的升醣提高，到了晚上你就容易處於飢餓狀態！

　　結果你心想，中午都已經吃那麼多了，那晚上就晚點再吃吧……糟糕！這晚個1、2個小時的，差別就很大了！

　　然後你又想，晚上我吃這麼多，那明天早餐我就不要吃好了……看到沒？容易導致肥胖的不健康生活就這麼一直惡性循環下去了！

　　所以其實很簡單，早上只要好好的吃就好了，就算早餐吃得很飽，然後中午吃不下，就喝一杯豆漿，我覺得那樣也很棒！因為那才是身體自然的反應，這樣才是正常的，而且，當你在不餓的時候、身體很平衡的狀態下，你才會選擇到對的食物來吃。

　　所以，只要早餐吃對了、身體平衡了、血糖也平衡了，三餐飲食自然就能正常，體重就能有效控制管理。

關於我的飲食法 05：
三餐之間的小點心和宵夜該怎麼吃？
什麼是「美魔女冰箱裡一定要有的東西？」

三餐之間的小點心，我通常會選擇 7-11 賣的那種一小包的堅果。一包的份量正好就是一天所需的量，小小一包又很容易隨身攜帶。

此外，還有蘋果。新聞記者有寫過，我每天一定會至少吃一顆蘋果，連出門也會隨身攜帶。通常我會連皮一起吃，或是吃一顆牛番茄，這是水果類。

我也常常把自己做的滷味當點心，有時候連出門都會帶一包，包括：豆乾啊、雞腿啊、海帶啊、滷蛋⋯⋯這些都是非常簡單的就能自己做的。

這一類的大（電）鍋煮物，我一定要教大家學會，它們真的是好吃又好帶的必備小點心！而且都是我出門經常會準備的，可以當作肚子餓時的小點心，或是不想吃便當時，就可以去7-11買個御飯糰搭配這些滷味，又是健康的一餐。

豐富了
整齊！

而宵夜我通常都會以湯品為主，像是紫菜鮭魚湯、紫菜蛋包湯，或是煎個鮭魚、雞肉，但重點就是絕對不在宵夜時碰澱粉、油炸，和重口味的食物。

有些人說湯品喝多了第二天容易水腫，其實那是鹽分的關係，所以只要弄得清淡點，就不容易水腫了。

在我家冰箱裡，一定要準備許多可以隨時拿來吃的東西，不然像我一天要吃 6~8 餐、每 2 個小時就要吃一次，沒有一些很方便的東西就放在冰箱裡準備著，怎麼行？

　　除了蔬菜、水果、牛奶、調味品之外，打開我的冰箱，一定會看到煎好的鮭魚、雞蛋、雞胸肉。它們都是很好的蛋白質來源，所以如果晚上要吃宵夜的時候，我就可以很快速的弄個紫菜蛋花湯、或是鮭魚紫菜湯，這幾樣就能做很多變化了，它們都是我的冰箱裡的基本款。

　　冰箱裡還會有我每週熬煮的一、二道煲湯或大鍋煮物，冰在冰箱裡可以放幾天，方便隨時想吃的時候加熱一下就能吃了，非常便利。

　　這些大鍋煮物也都可以替代其中一餐或是宵夜，外出時大鍋煮物的棒棒腿、海帶、豆乾那些裝一裝就可以隨身攜帶，當作點心隨時享用。

　　還有，我一定會隨時準備一鍋蔬菜湯，中午我可以用蔬菜湯加一把冬粉，或是晚餐時一碗蔬菜湯加一份肉。

　　我的蔬菜湯裡面通常會有洋蔥、胡蘿蔔、番茄、海帶結、金針菇（**或各種菇類**）以及高麗菜，全部熬一鍋，我通常會有好幾款煲湯在冰箱裡輪替，一鍋可以喝幾天，喝完再煲另外一種。

減肥一族絕對要知道的

[10大瘦身副食品！]

除了運動和飲食控制之外，很多時候我們還必須藉助一些副食品或營養補充品的幫助，來讓我們更快、更有效的達到飲食控制和加強瘦身的目的！

我所介紹的每一樣副食品和營養補充品都有它們非常重要的的功效和好處，是我不可或缺的減肥好幫手，在此和大家分享，希望也能夠對大家有所幫助。

 ## 01 「英國皇家晶鑽魚油」

吃好油！

我選擇每天的第一口食物，就是魚油，因為「吃好油，平衡血糖」，所以一早就空腹先吃2顆魚油，這是我堅持一定要做的事！

除了前面提到，我意外的發現當好油進入我的身體時，同時可以減緩胰島素快速升高、穩定血糖。血糖平衡了，在進食的時候就不會狼吞虎嚥、亂吃一通，所以這也是我為什麼一早起來就吃魚油的原因。

此外，在研究魚油的好處時，我也發現了國外有個報告提到魚油的神奇功效，除了對於心血管疾病有極大幫助之外，對於減肥也有一定的效果，在此跟大家分享這報告的其中一部分：最新的一份研究報告顯示，如果你想要脫掉你身上的油脂，很可能透過服用一些魚油（fish oil）膠囊，就

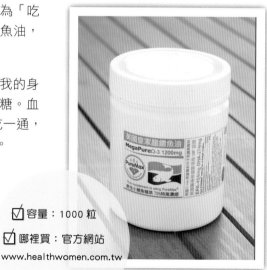

☑ 容量：1000 粒

☑ 哪裡買：官方網站
www.healthwomen.com.tw

可以輕易的達到苗條的目的。過去就有相關的研究指出，魚油裡豐富的 omega-3 脂肪酸 (fatty acids)，可以降低血壓以及三酸甘油脂 (triglycerides)，降低血栓形成的壓力，有益於心臟血管的功能。（資料來源：biocompare）

美魔女の聰明選

選擇魚油最重要的是先看它的 EPA 跟 DHA 的含量，含量越高越好，才不用吃到那麼多顆。還有，廠商品牌也很重要，選擇大的知名廠牌和檢驗核可標章，會能讓人吃得比較安心。

抗氧化、幫助代謝脂肪。

02 「檸檬水」

夏天時我幾乎天天喝檸檬水，或是把檸檬汁擠出來，裝在製冰盒裡做成檸檬冰塊，這樣早上起來要喝的時候，就丟兩顆在水裡，就不用再擠檸檬了。不過冬天時，我就比較少喝，還是以 OPC 為主。

檸檬水具有抗氧化的作用，可以幫助抑制自由基，也可以改善骨質疏鬆，還會刺激膽汁分泌，讓我們的代謝更好，也可以幫助代謝脂肪。

但是它不需要喝很多喔！只要滴幾滴在水裡面就好了，像我通常都是一杯水，然後切半顆檸檬，但我不會擠得很乾淨，然後就直接喝掉。

美魔女の飲用法

早餐前飲用，一杯 200cc 的溫水加幾滴檸檬汁即可。平常也可以沖泡一大壺當作開水飲用。

也可以把一堆檸檬洗淨榨汁，將原汁放入冰箱的製冰盒，結成檸檬冰塊後再倒入密封袋（拉鍊袋）放在冷凍庫裡，要泡檸檬水時只需要取出幾個檸檬冰塊來沖泡即可。

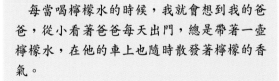

悄悄話

每當喝檸檬水的時候，我就會想到我的爸爸，從小看著爸爸每天出門，總是帶著一壺檸檬水，在他的車上也隨時散發著檸檬的香氣。

爸爸說：擠完的檸檬皮可以再度使用，檸檬皮泡在水裡洗抹布既潔白、又乾淨；放在冰箱可除臭；放在車上隨時擠壓一下檸檬皮，車內立即滿室芬香，可以提神舒緩情緒。

當我長大認識檸檬的神奇功效時，我才知道我的抗老養生之道原來傳承於我的爸爸。

03 「蘋果」

被媒體封為「美魔女三寶」之一的蘋果（另外二寶是 OPC 和平泰秀），是我每天必吃的，它不僅可以抗氧化，還能幫助減肥喔！

蘋果是我最愛的點心之一，不管是哪種蘋果都沒有差別，我習慣是拿起來聞一聞，我喜歡帶有香氣的。

我每次出門時都會在包包裡放一、二顆蘋果，以便肚子餓或嘴饞的時候可以馬上食用，很方便經濟又實惠。我喜歡啃帶皮的整顆蘋果，那一大口咬下的清脆聲音可幫助我清醒腦袋、思路活絡，而口中滿溢蘋果的甜汁和香氣，也能滿足了我的口腹之慾。

吃蘋果好處多多，可以降低血脂、降血壓、預防癌症，還可以抗氧化、強化骨骼、維持酸鹼平衡，最重要是還能減肥呢！

---

 04 「堅果」

堅果也是我最愛的點心之一，它含有好油成份，能幫助平衡血糖，還能清除自由基、抗氧化喔。

每天我都會吃上一把各式各樣不同的堅果，堅果營養價值很高，種類繁多，包括杏仁、腰果、榛子、核桃、松子、板栗、白果(銀杏)、開心果、夏威夷果、花生、葵花子、南瓜子、西瓜子……等。

堅果對人體健康的好處有：1.清除自由基 2.降低婦女發生三型糖尿病的風險 3.降低心臟性猝死 4.調節血脂 5.提高視力 6.補腦益智。

05 「咖啡水」

逆齡、抗氧化！

我靠喝咖啡水逆齡，你們相信嗎？

它不但是很強的抗氧化劑、能解油膩、幫助代謝、助排便，還是我逆齡的小法寶之一喔。

每天我會喝 2 壺的咖啡水！是用保溫瓶裝著熱的、不加糖、不加奶的咖啡水。

為什麼我說它是咖啡水，而不是美式黑咖啡呢？因為我的咖啡水是黑咖啡加水，用 1:1 的比例調配的，並不是直接喝黑咖啡。而且，咖啡水也不像喝黑咖啡一樣會苦，加水之後反而有回甘的感覺。

我都隨身攜帶飲用，就當做每天的飲料來喝，而且都是喝熱的，用保溫瓶的方式裝著，可以到處帶著走。在外用餐時喝它，可以不讓你亂吃東西，也可以讓你口腔的味蕾慢慢打開，對食物的敏銳度也會比較好，就更能品嚐到食物的美味。

每當我拿起我的保溫瓶喝下香氣四溢的咖啡水時，旁邊的朋友都很好奇：妳心臟不好還喝那麼多咖啡？不怕心悸嗎？不怕！因為我發現把黑咖啡加水 1:1 調配之後（你也可以加更多的水，完全看個人口感），不但不會造成身體不舒服、不會心悸，而且還可以有效的降低口腹之慾、讓我不會一直想吃東西！

我愛喝咖啡，但也注重身體健康，所以我不斷研究咖啡，也蒐集許多咖啡的相關文獻，發現咖啡中不僅含有咖啡因，還有含豐富的蛋白質、脂肪、菸鹼酸、單寧酸、生物鹼、鉀、膳食纖維……等，各種營養成分。

而且，咖啡保護心臟的作用更強於葡萄酒，咖啡還能防癌抗癌，尤其咖啡中蘊含的多酚類物質是一種很強的抗氧化劑，是綠茶的四倍！

像我這種經常在戶外活動的人，很容易因長時間接觸紫外線而產生大量的自由基，就特別需要多補充抗氧化物，來讓我避免因過度曝曬而提早老化。

另外，咖啡能促進大腦活動、幫助強化我們的思考，所以我的記憶力與判斷力也會隨之提高，在處理事情時就能夠做更豐富的變化和反應。

喝咖啡有很多好處，而且有越來越多醫學報告顯示，喝咖啡不只能提神，還能帶來很多健康和瘦身方面的好處，像是它能幫助利尿和促進新陳代謝的，有些平常會容易便祕問題的人，據說喝咖啡也能獲得改善。

而愛吃肉的人最好飯後喝杯咖啡，因為咖啡可以解油膩、幫助消化。同時，咖啡因在另一方面也能幫助身體做更快速的代謝、消耗熱量。

美魔女の飲用法

咖啡水的調配方法，原則上是沖泡好的黑咖啡加水 1:1 調配，但因每個人沖泡咖啡方式的不同，所以有濃淡之分，因此，咖啡水的濃淡調配，可以依照個人口感喜好而定，以好入口為原則，開水可以多，但最好不要少於 1:1。很多人喝咖啡會有心悸現象，那是因為咖啡濃度過高，濃縮黑咖啡直接入口後，咖啡因的含量過高所引起。

小撇步

如果你直接用濾紙來沖泡咖啡，則可以減少咖啡因含量，是不錯的選擇。

記得喔～大量的熱開水稀釋黑咖啡，把它當成每天必喝的飲料，一段時間後你就會發現它的神奇效果囉。

> 幫助代謝、含豐富的藻膠和多醣體。

06 「海帶芽」

就是一般料理用的一種食材，和海帶一樣有豐富的藻膠，和豐富的多醣體可以抗癌、增加免疫力，以及促進代謝、去除多餘膽固醇，和製造維他命 B 以及乳酸菌，是營養美味的保健食品。

海帶芽也是我隨身攜帶小物之一，我會分裝成一小包一小包，並附上烹大師調味粉調味，以便隨時充泡享用，尤其在冷氣房或寒冷的冬天，隨手來上一杯零負擔的海帶芽湯品，是不錯的選擇唷～

美魔女の聰明選

我會建議盡量買日本或韓國的牌子，因為他們的海帶芽會比較厚、膠質也比較多。

07 「安蔻淨體素錠」

☑ 容量：180 粒
☑ 哪裡買：請洽各大藥局

能幫助清腸道、促進新陳代謝、調整體質。

我們的腸道健康乾淨了，身體自然健康，外在形體也會跟著年輕。

我之前也跟很多女生一樣，容易有便祕的困擾，我曾經用過很多清腸的方式，一些像是浣腸的產品，或是醫生開的瀉藥，但這些產品只是應急的，不但吃了之後會有腹痛、腹瀉的副作用，對於長期想要調整腸道的健康並沒有幫助。

便秘，是我們瘦身減肥的最大敵人！因為便秘會導致肥胖和老化，如果糞便一直停留在大腸裡，毒素被腸壁吸收或流入血液中，會使得各器官的功能運作變差。

因此，便秘也是老化速度加快的警訊！該出去的東西沒有完全排出去，新陳代謝和自律神經也就無法正常運作，會導致賀爾蒙失調、皮膚粗糙……等等，所以不能忽視便秘的問題。

我喜歡使用的安蔻淨體素是由 30 種天然植物製成的，且含有乳糖，經特殊生化發酵處理，內含大量植物纖維素及稀有酵素、乳酸菌，能促進新陳代謝，使排便順暢，長期食用能調整體質，具有養顏美容的好處。

 美魔女の食用法

我會在每天睡覺前吃 2 顆淨體素，幫助我整理腸道和促進腸道蠕動，把該排出去的東西通通清乾淨。而且在睡前吃 2 顆淨體素，通常在隔天早上用完早餐後就會大量排便，身體自然也覺得輕盈許多。

 **08** 「熱鉻」

瘦身三寶 之1

美安的熱鉻配方，是一種很獨特的配方，它是由幾種非常重要的物質所組成的，它還含有重要的微量礦物質：鉻！能有效補充人體對鉻的需要。熱鉻除了能增強新陳代謝，還能幫助調節食慾、控制飢餓感。

通常我們在吃的比較少時，身體的新陳代謝也會變慢，但是熱鉻配方能在我們吃的比較少時，協助我們身體保持新陳代謝，並且幫助消耗體內多餘的熱量。

☑ 容量：120 粒
☑ 哪裡買：官方網站
tw.shop.com/

而其中的輔酵素 Q10(Co-enzyme Q10) 是產生活力所必需的，對維護人體免疫系統也非常重要，能保持心臟正常的功能，同時也是一種有效的抗氧化劑。

美魔女の食用法

我每天早上會吃 2 顆熱鉻，幫助提升新陳代謝、調節食慾，對瘦身很有幫助！並能保持肌肉緊實，讓精神更好、活動力加倍，讓我能順利能完成一整天的工作。

09「白腎豆」 阻斷澱粉吸收。

10「藤黃果」 快速代謝脂肪。

每當我想大吃大喝，去吃「破戒餐」之前，必吃的２種救急小法寶！

前面說過，我在吃大餐前都會先吃藤黃果和白腎豆，這二種營養食品都是經過研究證實，具有實際抑止熱量吸收的效用，但兩者阻隔的熱量來源不太相同，例如藤黃果可以讓吃進身體的熱量不會被照單全收，**它會干擾脂肪的合成作用**，讓多餘的脂肪可以快速被代謝出體外，雖然據說藤黃果也有抑止食慾的作用，但我這個大胃王倒是沒有太明顯的感受啦！

瘦身三寶之 **2&3**

☑ 哪裡買：官方網站
tw.shop.com/

而白腎豆是一種澱粉酵素抑制劑，它最主要的作用，則是阻斷身體對澱粉的吸收，這對於身為米飯控的我來說，簡直就是救世主，如果你也和我一樣，是個對米麵、饅頭包子、麵包等澱粉類食物戒不了口的人，我真心建議你，一定要隨身帶著它。

美魔女の小叮嚀

要讓這一類油脂或澱粉阻斷劑發揮最大的效用，應該要在用餐前半小時服用，這樣才能在食物進入身體前，佈下天羅地網來阻隔熱量的吸收。

不過雖然我有利用這二樣偷呷步的法寶，偶爾放縱自己大吃大喝，但大餐過後我可是有更加賣力增加運動量的，我會把開心享受美食，當作是積極健身的動力。

超棒！美魔女的

「養顏」・「美膚」・「抗老」・「養生」

黃 金 抗 老 湯 底

對「抗老」・「美肌」有幫助的食材

我很愛煲湯、更愛喝煲湯。前面說過，因為在煲湯的時候一定會用到好的蛋白質，所以它的營養會非常均衡，也可以讓我們的身體更好吸收到這些營養。

煲湯的鍋底，我通常會建議用大骨來熬，因為裡面含有豐富的鈣質。另外，記得買菜的時候，跟攤販多要一塊豬皮，在熬湯的時候加上豬皮，還有木耳，就有很豐富的膠原蛋白，而且湯頭也會變得很濃郁好喝。

如果你是喜歡海鮮口味的，我會建議你可以放些小魚乾，這也是增加鈣質的補充法。另外還有洋蔥，它可以增強你的免疫力，有時候我也會多放些蔬菜，像是紅蘿蔔、牛蒡、山藥，我覺得都是非常棒的，我都稱它為「黃金抗老湯底」！

1 「山藥」

它含有天然的雌激素，還有能幫助皮膚美白的維生素 A、C，以及加強熱量代謝的維生素 B1、B2，所以我的煲湯裡總少不了它，也經常用它做為我的主食，說它就像是吃的保養聖品，可一點都不誇張！

有了這一鍋湯底，你就可以根據我們介紹的食材來做變化。像我每次都會煮一大鍋，若是吃不完，可以分裝成好幾等份，放進冷凍庫，要吃的時候再拿適量的出來退冰加熱，很方便又好保存。

2 「番茄」

番茄若是當水果吃，就能攝取豐富的維生素 C；若是煮湯或做成料理，則是有幫助細胞修復的茄紅素會釋出。所以，不管是生吃或熟食，都有各別的營養價值，而且兩者也都是對肌膚抗老很有幫助。

3 「木耳」

我很喜歡把木耳放在湯裡熬到非常軟爛，這樣可以吃到很多的膠質，也會增加湯頭的濃稠度。而且它的鈣含量可是一般肉類的 30~70 倍，所以特別是女性朋友們可以常吃木耳，來預防骨質疏鬆兼美容。

4 「薏仁」

大家都知道薏仁有美白和消水腫的作用，而且它可以煮成鹹的，像是四神湯，我就會用薏仁加瘦肉，來代替豬腸，因為豬腸熱量高，不好的油脂也多。如果想吃甜的也行，就跟綠豆一起，美白、利尿又退火。

5 「豆類」

豆類中的大豆異黃酮和皂素，是讓皮膚美白滑嫩的抗老聖品！我除了會喝無糖豆漿外，也會用無糖豆漿做湯底，加上我的黃金抗老湯和味增，就變成拉麵湯底的濃郁風味，很讚喔！

或是我也會把各種的豆類煮成一鍋當飯吃，變化可多了呢！

基本上，什麼樣的豆類營養都很豐富，也建議多方面攝取，但若是以補充大豆異黃酮和皂素來說，還是黃豆為主。

6 「菇類」

我的湯裡總是會加上很多種菇類，它不但能增加湯品的鮮甜，跟各種蔬菜、肉類都很搭，尤其它能增強我們的免疫力，在氣候變化大的時候更要常攝取，比較不會生病。

婷媗 'S
美魔法廚房
Magic **1** *Kitchen*

養顏　美容　抗老　補氣血

[精選煲湯示範]

以下都以一人份方式示範

01 抗老山藥排骨湯

材料

排骨半斤、台灣山藥 1 支、當歸一片、枸杞子少許、紅棗 6 顆

做法

1 排骨洗淨、山藥滾刀切塊、當歸、枸杞子、紅棗洗淨，一起加入高湯放入電鍋中，外鍋放入 2 杯水。

2 煮好後雞湯塊調味，燜至溫，即可食用。

 我の小秘訣

　　這道湯品中一樣可以加入幾塊豬皮，或是幾隻雞爪一起熬煮。山藥中有很豐富的植物雌激素，是女生抗老美容的食補湯品。

02 糯米人蔘雞湯

Tips
1. 人蔘鬚去中藥行買即可。
2. 干貝是南北雜貨那種乾的。

材 料

雞腿一隻、人蔘鬚少許、紅棗 6 顆、干貝 3 顆、美白菇一包、枸杞子少許、糯米 1/2 杯

做 法

1 糯米洗淨後，加 7 杯水和干貝 3 顆先熬煮，煮到糯米開花糊糊的。

2 人蔘鬚、紅棗先洗淨後，把糯米糊、雞腿一起放入電鍋中，外鍋放入 2 杯水。

3 煮好後加入美白菇及枸杞子，外鍋再放一杯水。

4 再次煮好後加入雞湯塊調味，燜至溫，即可食用。

 我 の 小秘訣

　　這道湯品可以滋潤我的五臟六腑，非常的養顏美容，有時候我會多放一些紅棗、枸杞，除了增加美味之外，還能補氣補血。我通常會在天氣比較涼的早晨吃，很暖身、很舒服。

03 元氣洋蔥雞湯

材 料

洋蔥 2 顆、雞腿 1 隻、蒜頭 8 顆

做 法

1 雞腿洗淨、和切開的洋蔥、蒜頭一起加入高湯，放入電鍋中，外鍋放入 2 杯水。

2 煮好後雞湯塊調味，燜至溫，即可食用。

 我の小秘訣

　　洋蔥和蒜頭對我們免疫系統的強化很有幫助，像如果你本身有咳嗽的問題，我會建議你把一整顆的洋蔥不要切，放到電鍋裡蒸，蒸到它出水後，把水拿來喝，可以治咳嗽，這是止咳的小偏方。

04 牛蒡木耳排骨湯

材 料

排骨半斤、牛蒡茶包一包、木耳適量、紅蘿蔔一個、杏鮑菇適量

做 法

1 排骨洗淨，杏鮑菇不用洗，紅蘿蔔洗淨後和杏鮑菇一起切塊備用。

2 排骨、牛蒡茶包、木耳、紅蘿蔔、杏鮑菇加入高湯後，放入電鍋內鍋中，外鍋放入 2 杯水。

3 煮好後雞湯塊調味，燜至溫，即可食用。

Tips 高湯可用市售罐頭高湯，或是自己熬煮的蔬菜高湯都可。

 我の小秘訣

　　要熬這類排骨湯的時候，我會建議大家要記得跟豬肉攤販多要二塊豬皮，跟著湯品一起熬煮，這樣木耳加上豬皮的膠質更加豐富，對皮膚的水嫩、美白都有很大的幫助。

05 番茄蔬菜牛腱湯

材 料

牛腱一個、番茄 2 顆、高麗菜適量、芹菜適量

做 法

1 牛腱洗淨不切、番茄切塊、高麗菜切片、芹菜切段後,加入高湯一起放入電鍋中,外鍋放入 2 杯水。

2 煮好後雞湯塊調味,燜至溫,要食用前再將牛腱取出切片,即可連同湯一起食用。

 我の小秘訣

　　這是一道含有大量多種類蔬菜的健康湯品,除了我寫的材料外,其實蔬菜的種類可以依照自己喜歡的口味來做變化。而除了蔬菜的營養外,喜歡口味重一點的人,也可以用滷過的牛腱來入湯。蔬菜湯加入牛腱,主要是牛腱中有豐富的膠質和蛋白質,更能增加飽足的感覺。

06 麻油雞

材 料

雞腿一隻、老薑適量、胡麻油 2 大匙、米酒適量

做 法

1 雞腿洗淨切塊。

2 先冷鍋放入胡麻油、老薑片小火爆香至薑片焗乾後,再放入雞腿塊稍微拌炒。

3 加入一瓶米酒和高湯,滾煮 20 分鐘後,即可食用。

 我の小秘訣

　　麻油是一種可以補身、補氣的好油,尤其天冷的時候,它是很好的滋補暖身食材。

婷媗'S
美魔法廚房
Magic ② Kitchen

或電鍋

[大鍋煮物示範]

這些內容物的食材都可依照個人的喜好做變化，一次可以滷個一大鍋，份量可隨心所欲。因為是自己做的，比起外面的重口味的滷味，熱量低了很多，同時低鈉又健康，可以當點心、宵夜或是一餐的主食，要帶出門也很方便。

以下的食材份量都可依家中人數自行斟酌

01 電鍋什錦滷

材料

棒棒腿、腱子肉、豆干、海帶、水煮蛋、翹捲、筍子各適量，蒜頭 5 顆、八角 2 顆、辣椒 1 根、蔥一把

做法

1 將所有食材洗淨放入電鍋內鍋中（滷好才切），再加入香菇素蠔油 2 大碗，水適量，外鍋放入 2 杯水。

2 煮好後燜至溫，即可食用。

02 電鍋燉什蔬牛腱

材料

牛腱、蕃茄、洋蔥、紅蘿蔔、杏鮑菇、 筍捲

做法

1 將所有食材洗淨放入電鍋內（**滷好才切**），水適量，外鍋放 2 杯水。

2 煮好後雞湯塊或醬油調味均可，也可以加入少許紹興酒增添香氣，燜至溫，即可食用。

03 電鍋煮總滙什蔬

材料

排骨、高麗菜、金針菇、白蘿蔔、蕃茄、海帶結

做法

1 將所有食材洗淨放入電鍋中，加入柴魚粉及雞湯塊，水適量，外鍋放入 2 杯水。

2 煮好後燜至溫，即可食用。

「馬甲線女神」

「3個月」腰・腹・臀・腿

完美瘦身・塑出性感馬甲線！

效果更勝健身房：

居家伸展拉筋 + 自創大球、小球肌力訓練。

我 跟著 kenny 教練一起用 3 個月的時間執行「美魔女瘦身計畫」、並且順利完成瘦身目標之後，並不是因此就可以鬆懈下來、不再運動了！

因為那只是達到我們預設的目標，但不代表我已經把自己的身材雕塑到很好、很棒的地步了，我知道我還有很多進步的空間！（大家如果有注意看我 2 個月前的照片和現在的照片對比的話，就會發現我幾乎每隔一小段時間就會有很大的改變和 " 進化 "。）所以如果我想讓自己更好、並且一直維持這樣的體態的話，我就還是要繼續運動。

只是現在不用每週去 2 次這麼多了，我改成每週去健身房 1 次，其他時間就在家裡自己做運動。

會這樣分配的原因，一來是，因為我平常生活實在很忙碌，忙著打理家中大小事和帶著兩個寶貝，生活緊湊繁忙，幾乎沒有自己的閒暇時間，所以 3 個月的短期上健身房還可以應付一下，但如果是長期都要如此，那就不太可能了。

再來，我是個喜歡生活運動、運動生活的人，我不會特別空出多久的時間來做運動，所以我希望我即使不上健身房，也能在家裡做一些隨時隨地都可以練習的運動，而這些運動效果應該是跟在健身房做的一樣，畢竟我們大部分的時間都在家裡，所以運動也該很 " 生活化 " 才對，這樣才能養成固定運動的好習慣。

所以，從一開始去健身房的那 3 個月，我就一直思考和研究如何把「運動生活化、生活運動化」，我研讀了很多很多有關身體健康及健身運動的相關書報雜誌和文獻，也上網搜尋各種有關健身運動的國外影片，也請教了一些專業人士，然後將所有資訊融會貫通後，終於做到把健身房帶回家的目標！彙整出一套屬於我的、可以在生活中隨時做的伸展拉筋，以及自創使用輔助大球、小球，就可以做到在健身房所做的各項肌力訓練的運動。

可以說，我是從在健身房的第一個月後半期開始，就一方面去健身房練習，一方面已經開始在家裡用自創的輔具做伸展拉筋和肌力訓練了，所以健身房的 3 個月讓我從將近 58 公斤瘦到 50，算是完成目標，之後到現在這 2 個月，我自己在家做伸展和大小球運動，又瘦了 2 公斤！目前就一直維持在 48 公斤。

即使飲食恢復正常、晚上有吃澱粉、偶爾外食大吃大喝，但再也沒有胖過，反而感覺精神越來越好、線條也越來越美了！

我一直覺得就是因為我有把運動帶到生活中，所以我的效果才會比預期的更好！才有可能意外練出難得的「馬甲線」！

這一套我自創的「生活運動」模式，不管你人在哪、不管你在做什麼，都可以隨時隨地、有空就做一些簡單又生活化的運動，而且完全不麻煩也不累！

例如我撿東西的時候，我不會像一般人一樣，直接蹲下去撿起來，我已經練到很自然而然就像在拉筋一樣，雙腿伸直，只動上半身去把東西撿起來。或者是你每天都要刷牙和洗頭，我就把伸展拉筋融入刷牙和吹頭髮的動作裡，讓你不知不覺就做完了運動！你還會覺得做運動會很麻煩或很累嗎？

別小看這些簡單的運動喔！～如果你每天都養成習慣做一點，利用空間時間、持之以恆，假以時日，你就會看到很驚人的神奇效果喔！（就跟我一樣）

現在，我以自己的瘦身經驗來給大家建議，你可以這麼規劃屬於你的「居家瘦身計畫」（或稱：居家體適能）：

「美魔女瘦身班」4 階段規劃：

❤1 前 6 週進入運動前的準備。
最好的瘦身計畫，我覺得是在進入瘦身計畫的前 6 週，就開始實行晚上不吃澱粉，然後做一些伸展，等於是進入瘦身肌力訓練之前的暖身。

❤2 12 週內達成瘦身目標的肌力訓練。
正式進入瘦身計畫肌力訓練的 3 個月，我會建議大家多訓練手臂、腹肌、臀部、大腿這些部位。

❤3 後 8 週加強體態塑型跟定型。
達到目標之後，最後就是 8 週的體態定型。

❤4 完美體態的維持。

我是時間神偷！

結合 生活＋運動 的「完全不累」偷吃步。

在 開始帶領大家做運動之前，我先分享一下我自己一天中的「生活運動」大概是做了哪些？是怎麼利用日常生活來做的？讓你們在做之前會更有概念喔。

我一整天可以偷時間做的運動：

☻ 早上 6 點起床，在床上就先做個伸展動作。

☻ 然後到浴室洗臉刷牙，在刷牙的時候，我做了 3 分鐘「刷牙左右抬腿」運動。

☻ 如果早晨有便便，我又會趁著上廁所的時候，做 3 分鐘的「如廁深蹲」運動。

☻ 之後要到廚房做早餐，我會踮著腳走路，可以拉筋也會幫頭腦更清醒。

☻ 我在做完早餐後，會偷用 3 分鐘做「元氣伸展暖身操」。

☻ 然後就是和家人一同享用早餐，在坐下來的時候 (或是每次忙完有機會坐下來時)，我會偷做 2 分鐘的「坐椅拉背伸展」運動。

☻ 然後小孩出門上學後，接著整理家務。一整天忙裡忙外，在走路的時候，我就會趁機做 20 分鐘的「踮腳走路」運動。

☻ 一整天有空檔的時候，我就會做 3 分鐘的「雙腳屈膝交替跪姿」運動。

☻ 晚上洗完頭要吹頭髮的時候，我就一邊吹頭髮、一邊做 15 分鐘的「吹髮抬腳拉筋」運動。(因為我是長頭髮，所以吹髮時間比較久，呵呵……)

☻ 接著，睡前刷牙，再做一次「刷牙左右抬腿」運動。

☻ 然後睡前躺在床上，我偷用 5 分鐘做完「睡前抬臀」運動、「睡前抬腿拉筋運動 1」、「睡前抬腿拉筋運動 2」。

逆 齡 美 魔 女

三個月 完美腰腹臀腿塑形班 1

「元氣暖身操」。

除了放鬆肌肉和防止抽筋之外，暖身操竟然也有提高代謝、消耗熱量的好處?!

暖身操的主要功用和好處，是幫助我們身體在運動前做好準備，並且可以讓平日很少運動的我們把僵硬緊繃的肌肉放鬆。

有些人如果沒有先做好暖身操就直接開始運動，很容易會造成抽筋，甚至肌肉拉傷、發炎，這樣在還沒開始瘦身之前就先傷到身體了，會讓你更害怕運動。

所以這也是進入健身房運動（或居家運動）時的第一階段動作練習，每個動作大約是做 5~10 下左右。

以下要開始讓你們做的這 16 種暖身操，是從頭到腳一套完整的暖身訓練動作。所以我建議應該在真正開始要做運動前，全部做過一遍，雖然看起來很多，但其實很快、一下子就能做完了。

這些雖然叫做暖身操，但是我也說過，只要身體有在做規律的動作一段時間，不管是和緩的或是激烈的，都算是運動的一種。

而只要有運動，就一定對身體有幫助！包括代謝循環的增加、熱量的消耗、減少脂肪囤積、體態線條的雕塑……等等，或多或少一定都有幫助。所以千萬不要一聽到它只是暖身操，就跳過去不認真做了喔！

暖身 01　魚式**右側腰**伸展

1 雙手抬起貼耳向上延伸，雙手交疊，雙腳交叉，右腳在前。

2 身體向右彎曲，停留 5 秒。

同樣動作換邊
右側腰做完換左邊

暖身 02　魚式 **左側腰**伸展

1 雙手抬起貼耳向上延伸，雙手交疊，雙腳交叉，左腳在前。

2 身體向左彎曲，停留 5 秒。

平舉前胸後背伸展

手部正面。

1 雙腳張開與肩同寬,雙手平舉向前,十指交叉緊扣反手,掌心向外。

2 上半身向前延伸,停留 5 秒。

Chapter 04

下腰前胸後背伸展

1　雙腳張開與肩同寬，雙手平舉向前，十指交叉緊扣反手，掌心向外。

2　面向地板向下延伸，停留5秒。

身體正面圖，雙手未觸地。

左手臂伸展

1 雙腳張開與肩同寬,左手臂往右肩方向平舉。

2 右手前伸彎曲扣住左手。

往後拉。

3 以右手力量將左手臂往右後方拉,帶動上身半轉,停留5秒。

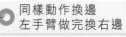
同樣動作換邊
左手臂做完換右邊

暖身 06　右手臂伸展

1　雙腳張開與肩同寬，右手臂往左肩方向平舉。

2　左手前伸彎曲扣住右手。

3　同樣以左手力量將右手臂往左後方拉，帶動上身半轉，停留 5 秒。

後拱手臂平舉伸展

1 雙手往後延伸，十指
交叉緊扣。

2 拱手平舉、手掌向內，
停留 5 秒。

後拱手臂下腰伸展

1 雙手往後延伸，十指交叉緊扣。
拱手平舉，手掌向內、向上延伸。

2 身體向前彎腰，
停留 5 秒。

背部伸展左右甩手

1 雙腳張開與肩同寬、
手臂往外打開。

2 往右方向轉，右手甩
手碰觸左腰，右手掌
手心向內。

3 往左方向轉，左手甩手往身
體後方觸碰右腰際，左手掌
手心向外。停留 5 秒，再以
同樣方式換邊伸展。

背部伸展 手撐屈膝**左右扭轉**

1 雙腳張開比肩寬，雙手扶膝，屈膝下蹲。

2 肩膀往右轉動，左肩指向前方，停留 5 秒。

3 換邊，肩膀往左轉動，右肩指向前方，停留 5 秒。

| 暖身 11 | 右大腿後勾伸展 |

1 雙腳張開與肩同寬，左手插腰。

2 右腳往後抬高彎屈勾起，右手扶住右腳，停留5秒。

側看圖，右手扶住右腳。

同樣動作換邊
右大腿做完換左邊

| 暖身 12 | 左大腿 後勾伸展 |

 1 雙腳張開與肩同寬，右手插腰。

 2 左腳往後抬高彎屈勾起，左手扶住左腳，停留5秒。

左臀部伸展

1 左腳拱起彎屈，腳跟
橫跨平放右膝。

2 身體下蹲，往左稍微前傾，
以微翹腳姿勢，左手下壓
左腳膝蓋，停留 5 秒。

同樣動作換邊
左臀部做完換右邊

右臀部伸展

1 右腳拱起彎屈，腳跟橫
跨平放左膝。

2 身體下蹲，往右稍微前
傾，以微翹腳姿勢，右
手下壓右腳膝蓋，停留
5 秒。

| 暖身 15 | **下蹲左腳**伸展 |

1 站直，左腳往左橫跨一大步。

2 身體下蹲，重心往右，右手扶右膝（附近）、左手放左膝（附近），左腳尖可翹起，左手稍作施力下壓拉筋，停留 5 秒。

○ 同樣動作換邊
左腳做完換右邊

| 暖身 16 | **下蹲右腳**伸展 |

1 站直，右腳往右橫跨一大步。

2 身體臀部下蹲，重心往左，右手放右膝，左手扶左膝，右腳尖可翹起，右手稍作施力下壓拉筋，停留 5 秒。

逆齡美魔女

三個月 完美腰腹臀腿塑形班 **2**

「伸展拉筋」。

對瘦身減肥、曲線雕塑最有效的運動！

伸展拉筋和美姿美儀、曲線雕塑，甚至是減肥瘦身，後面這三者看起來好像完全沒什麼關係吧？！如果你這樣想，那可就大錯特錯囉！

很多人都不知道，伸展拉筋是對瘦身減肥很好、很有效果的運動！

它不但可以幫助身體提高代謝，又可以活絡筋骨、讓血液循環暢通、讓肌肉線條拉長變美，而且它還不會讓你做得汗流浹背、滿頭大汗、氣喘吁吁。

像我因為有心臟問題，所以只要會讓我喘、稍微激烈一點的運動我都不能做！連有氧運動都不太能做，所以，我瘦身時常做的局部雕塑動作，像是手臂啦、臀部啦、大腿啦、馬甲線……等等，全部都是利用伸展拉筋和肌力訓練完成的！

而且，自從常常居家練習伸展拉筋之後，我發覺我瘦得更快更好、線條也更漂亮了！這是之前所完全不知道的！

為什麼伸展拉筋會對瘦身和塑身這麼有幫助？因為我們現代人的生活形態，普遍都會長時間維持在同一個姿勢，例如長時間坐在電腦前工作、回家後又窩在沙發上看電視……身體缺乏運動的結果就是肌肉會變得僵硬，於是我們的新陳代謝和循環都會變得很差！

而且，很多錯誤的姿勢都會讓我們容易囤積脂肪，例如駝背的人，通常他的小腹和後背部的脂肪都會特別明顯，造成虎背熊腰和腹凸！

這是因為身體的支撐點錯誤，還有核心力量不足所造成的，所以，藉由各個部位的伸展和拉筋，就可以讓僵硬的肌肉放鬆、恢復循環和代謝速度！

最主要的作用，就是讓身體各部位回到正確的位置、把力量用在對的地方，例如：伸展時把背挺起來，腹部就需要收縮使力，久而久之，腹部就會變得平坦結實！（消小腹）其他部位也是一樣的道理。

再來，何謂伸展拉筋？伸展就是把你的四肢打開到盡可能的最大、而且感覺四肢伸展到最深層的動作，就是伸展拉筋。

做的時候，你會感覺四肢末梢有微微的痠痛感，所以伸展拉筋一定是感覺到達身體的最末端，然後再返回身體的方向，這是非常重要的！

我一直強調伸展拉筋的重要性，**第一，是因為它可以放鬆你的肌肉。**

在我們做任何事的時候，像我們在講話，你會一直用同樣的姿勢，這時身上某些部位的肌肉就會一直在用力、變得很緊繃。

而當我們同一個部位一直鎖緊、用力、施壓久了，它就會造成我們血流不順暢，所以你要去放鬆你的肌肉、促進你的循環，就是要做伸展拉筋。

還有，就像我們去跑步，當我們在跑步的時候，身體所用到的肌肉群的力量，那些肌肉都是緊繃的，所以我們一定要靠伸展拉筋來放鬆肌肉。

第二，它會讓我們的身體有漂亮的線條！

像有些男生喜歡舉啞鈴練手臂，一昧想要把手臂練壯，但你會發現他們的手臂肌肉都是硬梆梆的，因為這些動作都是以施加壓力在肌肉上來做的運動，所以會讓肌肉變得很硬、很大塊。但如果你不是男生、或是不想讓某些常常在承受壓力的肌肉變硬變大，那你就一定要多做伸展拉筋，才能讓身型勻稱、漂亮、有線條！

而要做到有效的伸展拉筋，後面的動作至少每個都要停留個 5~8 秒才行。

伸展拉筋

01 雙手高舉 踮腳走路

功效 提臀、瘦小腹

 1 雙手抬起貼耳向上延伸，十指交叉緊扣反手，掌心向上。

2 雙腳踮腳用腳尖走路。

伸展拉筋 02 刷牙抬腿

功效 練出臀部微笑曲線

1　一邊刷牙、一邊把左腳往左後方向抬起，前後擺動延伸15次。

2　再以同樣方式換右腳往右後方向抬起，前後擺動延伸15次。

吹髮抬腳拉筋

功效 大腿線條緊實漂亮

 右腳跨放洗手檯面,身體往右向前彎
屈,到有感覺痠痛時稍作停留。

 再換左腳,反覆動作到頭髮吹乾為止。

伸展拉筋
04 如厠深蹲
功效 大腿線條緊實漂亮

1 雙腳打開成大字型。

2 雙手插腰，臀部往後，身體
下蹲。

坐椅拉背伸展

功效 腰腹曲線雕塑

1 正常坐姿。

2 身體轉向右後方，雙手扶住椅背上方。

3 右手右肩向後用力扭轉，停留 5 秒。

4 再以同樣方式換邊練習。

伸展拉筋 06 睡前抬臀運動

功效 臀部、大腿緊實

1 臥床平躺雙腳屈膝，雙手平放，掌心向下。

2 從腰腹部至臀部抬起，大腿用力拱起，拱起時屈膝角度會成 90°角，停留 5 秒，每天 10 次。

77

伸展拉筋 07 睡前抬腿拉筋運動 **I**

功效 小腿舒壓、消水腫

這是我睡前一定要做的伸展運動，可以改善長期站立造成的脂肪堆積、凝結、靜脈曲張等問題。

1 在床上平躺，雙手自然平放，掌心向下。

2 右腳朝右外側 45°方向抬高約 15 公分，右腳腳板用力朝上拉筋，停留 5 秒再放下，反覆 10 次。

3 再以同樣方式，換左腳反覆 10 次。

伸展拉筋
08

睡前抬腿拉筋運動 **II**

 **功效** 大腿線條緊實、消贅肉

1 在床上平躺，雙手自然平放，掌心向下。

2 右腳朝左前方 45° 抬高，右腳
腳板向下壓用力拉筋，停留 5 秒
再放下，反覆 10 次。

3 再以同樣方式，換
左腳反覆 10 次。

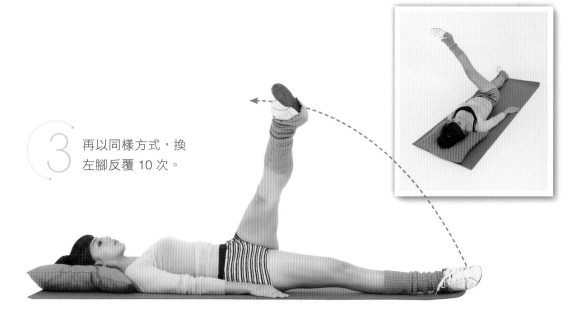

雙腳屈膝 交替跪姿運動

功效 大腿線條緊實、消贅肉

1 站立，雙手插腰。

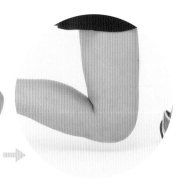

2 左腳向前跨一大步，右腳跪下（右腳不碰地），左腳成近90°角。

3 回原位站立。

4 換右腳向前跨一大步，左腳跪下（左腳不碰地），右腳成近90°角。反覆交替30次。

逆齡美魔女

三個月 完美腰腹臀腿塑形班 3 「肌力訓練」。

想雕塑哪裡、就雕塑哪裡，腰腹臀腿一次就「美麗」到位！

前面3個月在健身房進行瘦身課程時，我就開始在想：課程完成之後，我要如何把健身房裡的肌力運動簡化，可以不使用機器就把這些體適能運動帶回家？在家裡可以繼續練習體適能肌力訓練。

由於喜歡研究和自我挑戰的個性使然，所以我開始去研究肌力運動，並且從自己的運動體驗過程中，不斷的去思考如何把運動帶回家？後來，我自創了「居家健身房肌力訓練運動」在家裡自己做肌力運動，只需要使用到瑜珈墊、彈力大球、彈力小球和彈力繩這幾個簡單的輔助用具即可，完全不需要靠機器，就可以有跟上健身房使用機器一樣的效果！

但是，在開始做任何肌力運動之前，你一定要先啟動你的核心肌群！避免因為用力不當，或施力點錯誤而造成身體受傷，這是非常重要的，也是我非常注重的一個部分！

🔘 什麼是核心肌群？

核心肌群的位置，位於我們身體的腹部、背部和骨盆部位，等於是位於我們身體的中心部位，也是身體最重要的肌肉群。它就像是大樹的樹幹一樣，是維持全身重心的支撐點，主要的功能就是維持脊椎的穩定，和身體的平衡支撐。

每當我們要做任何的動作時，第一個動用到的肌肉部位就是核心肌群，如果核心肌群強壯了，運動的動作反應過程就會越短、速度也會越快，力量也會更加強大有力！

如果沒有啟動你的核心肌群、等於你的身體支撐點沒有力量，則做任何運動時都很容易用錯力量、甚至受傷！譬如說你要彎腰或蹲下，但是結果你的肚子沒有力，所以當你深蹲的時候，整個身體的重心就會往前壓在膝蓋上，膝蓋就很容易因施力不當而受傷了！

所以，在做任何肌力運動前一定要先啟動你的核心肌群、先練習「核心肌群基礎訓練」，它不只是為了鍛練腹部肌肉的線條，更是讓我們的身體擁有更好的支撐和穩定性，還能幫助你在做各部位的肌力訓練時，都能達到加倍的效果！讓你避免受傷，真的很重要！

［啟動你的
核心肌群！］

「核心肌群基礎訓練」其中有2個動作，基本上它們能讓你每個部位的肌力都達到很好的效果，當你做完這2個運動之後的隔天，尤其是平常沒有運動習慣的人，就會發現你的大手臂好痠、背部也好痠！

尤其是女生，平常背部幾乎都沒有在出力，男生有時候可能還會用背部來扛東西，但女生根本很少動到背部的力量，所以應該會更痠。其中有些有收縮到肚子的部分，只要你有確實用到力，隔天也一定都會有感覺。

核心肌群訓練 01

地板肘撐

手肘90°撐起，縮臀收小腹，腹腰臀上抬，拱背撐起成一直線。

次數：一次停留 1~2 分鐘，早晚各做 1 次。

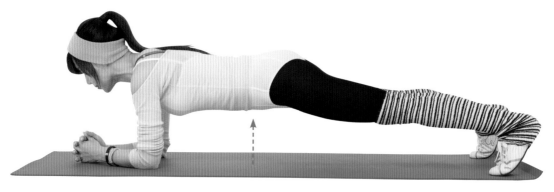

美魔女的悄悄話

這個動作看似很簡單，但是要做到位有點難喔！每次撐得很辛苦時，我都會跟自己說：「再撐一下就過了，撐下去就能讓我的肌肉張力無限大了。」

地板花式肘撐

側看手和腳的擺放位置。

兩手撐地，以跪姿呈現。

右腳跨向左前方。

之後換左腳跨向右前方。

次數：兩腳交替做 20 次。

美魔女的 悄悄話

這個動作是地板肘撐的延伸，可以強化腿部肌耐力，加油～！

打造妳的致命馬甲線！
——[腹肌訓練]。

多做肌力運動，不但能把身體脂肪趕走、還能養肌肉、長肌肉、伸長塑形你的肌肉，體態線條會變得很漂亮！

很多人都覺得要想鍛鍊出漂亮的馬甲線，是非常難的事情！也是很多女生們夢寐以求、卻又覺得練出來的機率是非常微小的一個夢想！

其實，我相信每個人都有機會能練出來，但重點是方法一定要對！

就像我，照理說，我剖腹生過二胎，應該是更不可能練出馬甲線來！

因為剖腹會將我們縱向的肌肉紋理給切斷，就像身上若出現肥胖紋，那是因為體重急速增加導致肌肉纖維被扯斷所致，而一旦肌肉紋裡被切斷或扯斷之後，就很難被修護和復原了！這二者的道裡是一樣的，因此剖腹後造成受傷的肌肉，要練成馬甲線自然比一般人更加困難！

可是我還不是在短短 3 個月內就練出來了嗎？

這就是我說的：**方法一定要對！方法比努力更重要！**

要練出馬甲線，主要就是要練妳的腹肌，但是因為女生的腹部肌耐力本來就比較弱，而且很容易用錯方法，如果光是做同一種運動訓練，也很難練得出漂亮的線條，所以我才會設計出包括大球仰臥起坐、小球腹斜肌訓練、手肘碰膝蓋、彈力繩側腹運動這幾個不同的動作，分別鍛鍊到不同的腰腹位置。除了徒手的運動外，利用一些適合的道具，會讓訓練更容易和準確。

以我們身體的架構來剖析好了，在我們的腹部兩側，都有兩條肌肉，它是支撐身體架構很重要的部位，每個人都一定會有，只不過很多人吃了太多的脂肪，讓身型變得像泡芙一樣，所以看不出任何的肌肉線條，所以我們只要好好利用運動和正確的飲食，把腹部的脂肪消除，讓肌肉強化，自然就能看到，那個就是腹肌，再把腹肌鍛鍊出漂亮的線條，就是我身上的馬甲線了。

以非常瘦的瘦子來舉例好了，她的肚子因為沒有肥油，所以看起來很平，但因為也沒有鍛鍊，所以也不會有明顯的肌肉（腹肌），可是只要叫她把手舉高，帶動腹部的核心部位，就算再怎麼瘦的人，仍然可以隱約摸到腹部兩旁會有兩條肌肉，只不過因為它還沒有經過鍛鍊，所以不會形成腹肌。

胖子當然也有，只不過因為被脂肪遮住了，所以更看不到，因此每個人只要願意，基本上就一定能練得出來。

而我們只要飲食控制的好，第一個消除脂肪的部位就是從腹部開始！如果再加上運動，把肌肉給強化，它就會變得很明顯，而我們只要一直持之以恆的練習，馬甲線只會越來越明顯，就不會再消失。

要鍛鍊腹肌，最常見的運動就是做仰臥起坐，可是對女生來說，仰臥起坐並沒有那麼容易，而且很多人都會做錯，因為她們不太會運用到肚子的力量，所以要叫她們在地板上躺平做仰臥起坐，是非常困難的。

即使做得起來，也是沒有真正用到肌肉群，而是光靠她的手腳去拉扯身體、頸椎，硬是將身體拉起來，所以根本沒有真正鍛鍊到肌肉群！

而且，因為要跟很硬的地板做抵抗，我就曾經因為這樣在地板上做仰臥起坐，做到讓我的脊椎末梢神經和頸椎都拉傷了！即使我每次都有舖上瑜珈墊也一樣。受傷之後，我就開始研究能用什麼輔具來幫助我做仰臥起坐會比較輕鬆容易、而且又不會因此而拉傷或傷到脊椎？

後來，我試了很多東西，最後發現用彈力大球來做仰臥起坐就簡單多了！我之所以這麼推薦用大球來做運動，第一個最主要的原因當然就是因為我是受益者！我用它來做仰臥起坐時發現，我的脊椎、頸椎不但會因此而受傷，而且效果比在地板上做還要好！

第二個好處就是：小朋友們也很愛。我把大球就擺在客廳裡，他們平常也會時不時就拿起來玩，也增加他們對居家體適能的興趣和接觸的機會。

第三個好處就是：它的體積很大，平常我們坐在椅子上看電視時，可以拿來墊腳，超舒服的！而且有空時還可以順便做一下運動。所以它永遠都是家中的一份子，大家都不會遺忘它。

朋友來家裡的時候，一定會問說：「咦，妳有在用大球在做運動啊？」這時候我就會說：「對呀！很好玩喔！我可以教你幾招。」當下會非常有成就感！

再加上，我之所以會那麼快就能鍛鍊出大家都認為很難練成的漂亮馬甲線，主要也是因為大球讓很多腹肌訓練都變得很好做、效果也更棒！

因為，大球可以幫助我們針對想要的訓練部位，達到一個加壓點 100% 的釋放，舉例來說：做仰臥起坐時，如果是在地板上做，它會形成一個身體和地板的抗阻力，而身體為了平衡這樣的阻力，就會把力量分散在四肢末梢，相對的腹部所施的力量就會減少！

這樣不但很費力，而且對於腹肌訓練的效果也會大打折扣。可是坐在大球上做仰臥起坐時會發現，你所坐的那個位置它不會有抗阻力，因此當你在運動時，就只是完全利用腹部的力量在運動，否則一旦你用錯力量，例如腳太用力或是僵硬，身體就會失去平衡，球就會滾動，所以用大球就能輔助你用對力量，讓你訓練的部位確定到位。

因此做同樣一個運動，在地板做和用大球來做，即使次數一樣，但達到的效果卻很不一樣！

「彈力大球」小知識

彈力球最早的發明，是為了幫身體障礙人士做復健用的一個輔助道具，後來大家發現藉由這個道具，能有效幫助身體局部達到百分之百的定點訓練效果，所以後來就廣泛運用在瑜珈或是肌力運動的訓練上。

♥ Tips 大球、小球和彈力繩的差別

大球和小球在使用上的差異性，就是訓練的部位不同：小球主要是用來鍛鍊手臂、背部、腰部，或是夾在腳後做抬腿訓練，這些部位當然就不能用大球來做。

而彈力繩則是利用拉繩時，繩子的彈性所創造的一個反作用力，來加強我們對於身體局部的訓練效果。

因為知道有這麼多好處，所以我研發了很多種大球運動，後面會一一為你們示範和介紹。

但是因為大球它本身就是會滾來滾去的，所以在剛開始接觸的時候，我都會說要先跟球培養感情，讓你產生安全感。

大球仰臥起坐

1　坐在大球約三分之一的位置，雙腳打開與肩同寬，雙腿呈 90°固定支撐，臀部和兩膝蓋為黃金三角點，坐好固定好黃金三角點後球就穩定了。

2　接著雙手交叉抱住上手臂後，身體慢慢往後傾躺再坐起。

3　初期不要躺平，有傾躺角度就可以，等到慢慢對球彈性熟悉和黃金三角的固定支撐更穩定後，再進階躺平再坐起，完成完美標準動作。

次數：30 至 50 次

加油唷！大球仰臥起坐效果真的很好，也很輕鬆就能夠有效訓練到腹肌。

使用大球是我獨創的，有別於傳統平躺地板做屈膝式仰臥起坐，之所以會使用大球來做，是因為之前我在地板做這些動作時因此而尾椎瘀青受傷、脖子頸椎也拉傷，因為地板太硬（即使鋪了瑜珈墊也一樣）、身體阻抗力道太強，還有起身的施力點不對，造成頸椎過度拉扯才受傷。

因此我努力研究大球來輔助仰臥起坐，結果效果驚人！也使得很多動作都可以輕鬆完成了！

最開心的是，我和很多人分享之後，他們也跟著做，都有很好的成效，連平常仰臥起坐做不起來的人，現在藉由彈力大球的輔助都可以輕輕鬆鬆就完成仰臥起坐了！

而且多做肌力運動，不但能把身體脂肪趕走，還能養肌肉、長肌肉、伸長塑形你的肌肉，體態線條自然就會很好看了！做完後大家也不必擔心頸椎腰椎會傷到了，真的是令人開心振奮哪！！

馬甲線 02 小球腹斜肌訓練

1 將小球夾在右腰側，右手握拳，手肘成 90°
角，以右手肘固定小球，左手叉腰。

2 肩膀下壓，右手肘往後延伸，拉向背部斜後方
的 45°方向，同時抬起右腳曲膝 90°，側腰
腹部肌肉用力，利用腰部的力量來擠壓小球。
右邊動作完成後換左邊練習。

次數：左右兩邊動作各 10 次。

手肘碰膝蓋

1 兩腳打開與肩同寬。

2 右腳舉起約 90°，
同時用左手肘觸碰舉
起的右腳膝蓋。

3 之後換邊，左右交替
反覆動作。

次數：50 次。

馬甲線 04 彈力繩側腹運動

1 右腳踩在彈力繩中心點,雙手平舉至 45°～ 90°。

PS. 可以舉高到多少度,完全看各人狀況,一般人一開始可能舉到 45° 就覺得手很痠很累了,但練久了平舉到 90° 完全不是問題。

2 身體往右後方扭轉,停留 5 秒。一邊練習完之後再換邊練習。

次數:15 次。

美魔女的悄悄話

腰側的肌肉平常很少會運動到,而這個動作會感覺兩邊肌肉有明顯的伸展,會消除一些腰間肉,對於經常久坐的人也有很好的消除腰痠背痛的效果呢!

[和惱人的**掰掰袖**
永遠說再見！]

手臂背部基礎訓練

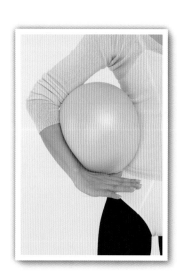

2 之後將右手肘往背部右後方扭轉，稍微停留約5秒，再回到原點，再以同樣方式換邊練習。

次數：左右各 10 次。

1 兩腳打開與肩同寬，左手成叉腰狀，將小球夾在右手彎曲腰內側。

美魔女的悄悄話

順著圓形小球向後方延展，會感覺到背部及手臂微微痠痛，是正常現象，常練習這個動作，可以有效消除惱人的掰掰袖，讓你穿上無袖洋裝時也能露出漂亮纖細的手臂。

再見
掰掰袖
02

上手臂肌力訓練

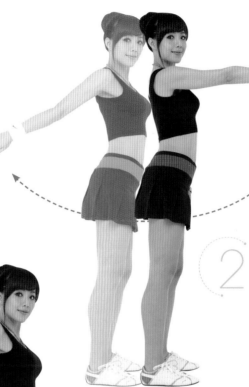

1 兩腳打開與肩同寬，膝蓋微彎站立，
兩手自然下垂、肩膀放輕鬆。

2 先將右手手臂向鐘擺一
樣由前往後甩，到達後
方最高點位置定住。

3 手肘放鬆小手臂自然下垂，固定上手臂之
後，下手臂往後延伸抬起，反覆屈伸、放
下、抬起，再以同樣方式換邊練習。

次數：左右各 10 次。

美魔女的悄悄話

上手臂肌力訓練是和掰掰袖說
bye-bye 最有效的方式！也可以讓
你的手臂肌肉線條更優美，更值得
高興的是：這是一個隨時隨地都可
以徒手訓練的運動喔～！

彈力繩手臂訓練

1 一腳踩在彈力繩中心點位置。

2 將兩手手臂向兩側伸展平舉接近 90°，停留 5 秒。

次數：15 次。

美魔女的悄悄話

多做手臂的延展動作，能幫助手臂肌肉更加緊實，尤其是上手臂的線條會因此而看起來會更緊緻、更纖細喔。

練出
[纖細性感美腿！]

美腿訓練 01 大球深蹲

1　大球放腰背部，靠於牆上，雙腳大字打開，身體倚靠球。雙手往前平舉，手掌輕輕交疊。

側面位置圖。

2 慢慢蹲下（像坐椅子般坐下），小腿和大腿呈90°（左右腳盡量大字型張開呈
180°，腳掌腳尖朝外，深蹲停留5至10秒）。

深蹲用大球輔助，才能有效做到大腿內側伸展拉筋，和大腿的肌力訓練。

次數：15次。

側面
位置
圖。

美魔女的悄悄話

　　大球深蹲可以消除大腿內側脂肪，並有效達到伸展拉筋和美化大腿線
條的目的。

　　然而，一般深蹲和大球深蹲有何不同呢？一般深蹲如果動作姿勢不對，
很容易造成膝蓋受傷。而利用大球輔助做深蹲動作則可以減輕膝蓋承受
的壓力，並且能輕鬆完成深蹲標準動作，有效達到大腿的肌耐力訓練。

大球側抬腿

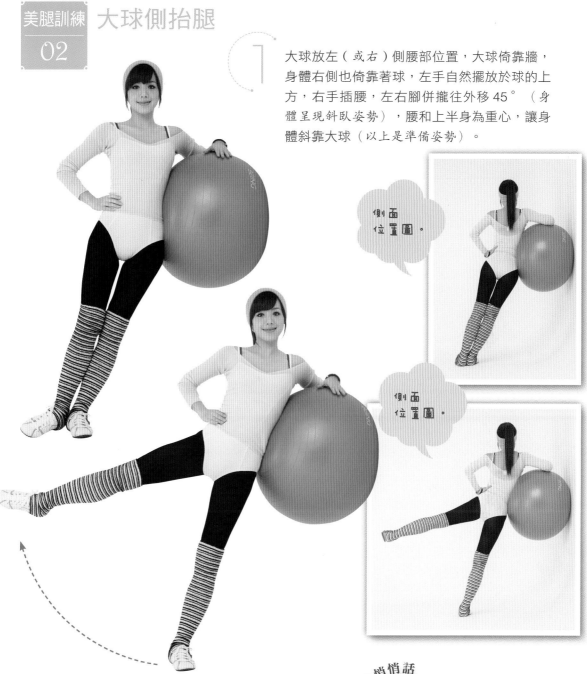

1　大球放左（或右）側腰部位置，大球倚靠牆，身體右側也倚靠著球，左手自然擺放於球的上方，右手插腰，左右腳併攏往外移 45°（身體呈現斜臥姿勢），腰和上半身為重心，讓身體斜靠大球（以上是準備姿勢）。

側面位置圖。

側面位置圖。

2　準備好接著側抬右腳，右腳膝蓋要打直，儘量抬高。

這個動作大腿外側和腰臀會非常痠痛，這是正常現象。右腳抬腿做完轉身換左側邊，以同樣方式換邊練習。

次數：左右各 10 次。

美魔女的悄悄話

大球左右腳側抬腿，可以消除大腿外側贅肉（馬鞍肉）、緊實大腿，以及外擴的臀部！

小球側抬腿

1 兩腳打開與肩同寬，右腳往後彎曲夾住小球，身體要維持平衡。

2 右腳夾住小球往右側抬起，停留約 5 秒後，再回到原點，再以同樣方式換邊練習。

次數：左右各 10 次。

美魔女的悄悄話

你是否也感受到抬起的大腿外側和臀部的緊繃痠痛呢？這個動作消除馬鞍肉效果百分百喔！還能有效訓練大腿的肌耐力、消除大腿內側脂肪。有空的時候不妨可以多做幾次，絕對有很多好處的。

[提臀 & 打造腰部曲線！]

腰臀肌力 訓練 01　左右抬腿 微笑曲線 訓練

1　兩腳打開與肩同寬，右腳往後彎曲夾住小球，身體要維持平衡。

2　將右腳夾住小球往身體後方延伸抬起，停留約 5 秒，再回到原點，再以同樣方式換邊練習。

次數：左右各 10 次。

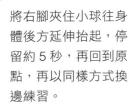

美魔女的悄悄話

有了小球的輔助，左右抬腿的動作會更確實到位、效果也更好！做完後，你是否也感受到大腿前後側和臀部的緊繃感和痠痛呢？

三合一的伸展拉筋肌力訓練

兩腳打開與肩同寬，膝
蓋微彎，將小球放在右
側胸前，雙手十指交叉
抬起平舉，夾住胸前的
小球。

把小球放在
剛好可以夾
住的角度。

右肩和右手肘往身體背部右後下方
延伸，稍微停留約 5 秒後，再回到
原點，以同樣方式換邊練習。

次數：左右各 10 次。

美魔女的悄悄話

輔助道具小球可以讓身體的轉動延
伸更有張力，如此一來可以有效消除
背部和腰部贅肉，讓腰身曲線越來越
纖細美麗。

大球腹腰臀肌力訓練

1　身體平躺，雙手手心朝下，腳後跟平放大球上方，兩腳張開與肩同寬。

2　利用身體的力量將腹腰臀抬起，停留約 5-10 秒，再回到原點。

次數：左右各 10 次。

手肘正確擺
放角度。

 美魔女的悄悄話

這是一個舒服平躺的腹腰臀肌力訓練動作，輕鬆又簡單，我很喜歡，有空不妨多做練習。

We Have Created A Miracle.

[美魔女教你]
這樣做

運動後，該吃什麼？

運動完了之後，我就會馬上吃東西，不會讓自己餓肚子。

不管你是想要減肥、或是增加肌肉、還是為了健康，運動後，聰明攝取一份營養均衡的輕食，就可以讓我們身體的能量迅速恢復，也會讓你的目標效果加倍。

而在運動完了之後的 1 個小時內，我們稱為「運動黃金期」，在這 1 個小時內多補充優質蛋白質，它可以讓你的代謝加速，並且可以吸收到完整的蛋白質、增長你的肌肉，所以我在運動後會吃一顆蛋，或是半隻到一隻雞腿，或是喝一杯無糖豆漿，再搭配一些蔬菜和水果。

遇到減肥「停滯期」，該怎麼辦？

很多人都會遇到減肥停滯期，停滯期不一定什麼時候會出現，但出現時也不需要太擔心、不用慌。

首先，你要好好檢視一下，是否在停滯期間你的飲食和運動行為模式都是一模一樣的？如果是一樣的，但體重卻沒有減少，還是停留在一樣的數字，那就是遇到停滯期了！代表你的身體已經接受和習慣了你所給它的模式，因此狀況停滯不動。

但如果你的模式一模一樣，但體重不但沒減少反而有增加，那恭喜你！你並不是遇到停滯期。（當然你一定更不開心）

那麼要如何突破停滯期呢？

我是進行3天的飲食排毒、然後在運動方面稍作改變。

我的排毒方法

除了早上空腹吃2顆魚油之外，另外我晚上會再多補充2顆魚油，然後這3天排毒期都只吃蔬菜、不吃肉。

這3天排毒，我吃各種的蔬菜、豆類和蒟蒻，沒有其它了。

蔬菜，可以是各種生菜、燙青菜、蔬菜湯都可以，湯裡也可以加豆腐和蒟蒻。

正餐之外的點心，我就吃2小包的堅果（便利商店賣的那種），睡前再吃2顆魚油和淨體素。

這是我用排毒來突破停滯期的做法，因為停滯期的時候，通常代謝都會變慢，有可能是身體累積了太多毒素和垃圾所致，所以該清一清了。

不過，不只是停滯期，其實我們每個禮拜都可以利用一天來做排毒日，或是依照各人不同的身體狀況來排毒，例如：如果你開始經常覺得腹脹、便秘、早上起床精神狀況不好，或是沒有食慾……就不妨做個排毒。

其實只要利用那一天的時間，不吃肉類、改吃大量的蔬菜、喝檸檬水，然後多做一些運動，第二天你不但會覺得很有精神、排便順暢，而且就連第二天的早餐也都會變得更美味可口，身體更能完全吸收這頓早餐的能量。

排毒其實就是幫身體做一次大掃除！讓身體暫時減少攝取高蛋白質，我們的消化負擔就能減輕一點，因此身體器官就能好好休息一下，幫助細胞修復、淨化身體、維持平衡。

排毒是飲食的改變，而運動的改變呢，則是多增加一、二項肌力運動，並且 加肌力訓練的次數。

沒有一定要特別做什麼運動，只要在你平常的運動習慣中，多增加一至二項的肌力運動就好了。

例如我平常會做20下的大球仰臥起坐，遇到停滯期時我就增加到50下，或是再多做個拉繩運動……總之，只要有運動量的增加就可以了。

突破停滯期的方式，就是這麼簡單，也不會造成痛苦或負擔，你們也可以試試看喔！😎

台灣第一美魔女

我的「逆齡」‧「抗老」保養術：

不只找回身材

更要越來越青春、不老、有活力！

■「逆齡美魔女」的 12 個「抗老」‧「養生」關鍵金鑰匙！

「穀胱甘肽」

「愛尚它 OPC-3」

「平泰秀」

「COAST 青春賦活亮顏精華液」

「LA MER 精華液」

「LA MER 眼霜」

「COAST 玫瑰潤澤保濕護手霜」

「Ms.&Mr. 深層角質潔膚凝膠」

「GAMMA 健康手鍊」

「義大利葡萄醋」

「充足的睡眠」

「皮膚深層急救護理保養」

■ 美味‧元氣‧營養‧豐富的早餐「食譜分享」。

我的 12 個「抗老」、「養生」關鍵金鑰匙！

我是個超級懶人，所以我只選擇最「重點式」、「最有效」的方式來做。

在保養方面，我最注重的是皮膚的保濕，再來就是眼睛的保養。因為我的眼睛是屬於圓圓眼，所以眼睛外圍的張力特別大，如果不好好保養，就很容易出現小細紋，而且我本身也是容易水腫的體質，眼睛特別容易浮腫，所以這個部份是我比較注重的。

但是我的保養方式真的很簡單，因為我說過我是一個超級懶的人！懶得塗抹一堆東西、或是每天弄一大堆保養流程，我很懶，也沒那麼多時間慢慢保養，所以我生活中從營養到運動、到保養品，都是選擇最重點式的、最有效的方式來做。

除了前面介紹的那幾樣對瘦身美容有幫助的副食品之外，我覺得最有用的還是營養均衡加上運動，而對我來說，應該是從小的飲食習慣給我打下了很好的底子，例如：我就很少會有皮膚不好或乾燥的問題，我覺得這跟我固定都會煲湯的習慣很有關係！

所以，只要攝取足夠而且正確的營養，和每天都做一些小運動，比花錢買再多再貴的保養品都來得有用。

至於其他每個月我必做的、重要的美容保養的部分，就在這裡一一分享給大家：

「穀胱甘肽」

我每個月都會施打 2－4 次肝精，又叫做「穀胱甘肽針劑」，我會依照身體的疲累狀況來進行身體的修復。

穀胱甘肽在細胞內最重要的三大作用是：抗氧化、解毒、調節免疫功能。

這個東西非常好，它會進入肝臟進行修復的作用，是一種重要的細胞抗氧化劑！

最早它是用在進行化療的病患身上，因為進行化療會使肝臟受損非常嚴重，所以醫生就會打這個東西，幫助病患的肝臟細胞能進行修復，後來它才被應用到醫學美容的領域，具有美白的功效。

美魔女悄悄話

這是我體內保養的秘密武器！

穀胱甘肽有解毒、增強免疫力，抗老抗癌的功效，對於長期疲勞的我來說，可以借助它來幫助我的身體補充養分、修復細胞，還能讓我每天都精神奕奕，保持好體力。

它可以讓體內的毒素排出來，進到血液裡，去做深層的修護，所以當肝臟的解毒功能變好，皮膚就會跟著變好。

綜合來看，我的美容保養方式，最主要的 3 個部分就是：打的是穀光甘肽、喝的是 OPC、擦的平泰秀。

所以我會保持年輕、有「逆齡美魔女」、「不老仙妻」稱號，也是有原因的，我發現自己長期以來一直很注重的美容保養，都跟抗氧化、抗老化有很大的關係！

根據研究指出，體內穀光甘肽的濃度，是青春和長壽的指標。而適當地補充穀光甘肽還能預防癌症、心血管疾病、慢性病、免疫系統與過早老化等多種疾病。

「愛尚它 OPC-3」

美魔女三寶 之 2

我每天必吃的還有 OPC-3，也就是葡萄籽！

我選的是粉狀的，通常我會把它隨身攜帶，在喝水的時候，就會倒一點在水裡面，我很隨興，沒有說一定要加多少。

它是很好的抗氧化物，像我經常會帶著小孩在外面做戶外活動，我又不愛防曬，所以這一類的抗氧化物對我就很重要，所以你們有沒有發現？我的營養保健品中，像是魚油啦、OPC 啦……這些主要都是抗氧化的。

☑ 容量：300g

☑ 哪裡買：官方網站
tw.shop.com/

之前在生完孩子後，我雙腳的靜脈曲張很嚴重，只要站立或是走路時間較長就會痠痛，在晚上睡覺的時候也會抽筋，所以睡眠品質很不好，但是我喝 OPC 一段時間後，症狀有改善了，同時還意外知道它對於抗氧化、抗衰老以及修復細胞有良好的成效，現在變成是我生活中的必備飲料。

美魔女悄悄話

我通常會把 OPC 粉末分裝在小瓶中，以方便隨身攜帶，隨時沖泡飲用，一天會喝上好幾次。有人問我：好喝嗎？我個人認為是好喝的。但如果你是屬於不喜歡它的口感的人，可以考慮加入大量冰塊，我發現加入冰塊之後，可以去除入口後澀澀的口感；我也曾經加過幾滴檸檬水調配，別有一番風味。另外還有一種喝法，就是用很細的吸管喝，很多較難入口的補給飲料也都是用這個方法，建議你可以試試看。

「平泰秀」

美魔女三寶
之 3

平泰秀是我的口袋隨身保養乳液！

它具有神奇的除皺效果，我會隨心所欲的塗抹每一吋肌膚，它的神奇除皺與修復能力令人驚艷，還讓我之前乾裂粗糙的後腳跟改善很多。

我因為經常要陪伴孩子打球而長時間、長期曝曬在大太陽下，但是因為我的皮膚是屬於敏感性肌膚，而且又很脆弱，所以我不能隨便擦一些抗紫外線的防曬乳液，之前只要一擦，就會阻塞毛孔起疹子，有一次下場打球，我抱著試試看的心態，把平態秀當成防曬乳來擦拭，居然也有神奇的效果。

☑ 容量：118.3ml

☑ 哪裡買：官方網站
tw.shop.com/

我都是這樣使用的：在下場打球前，在臉上先擦上一層厚厚的平泰秀，當成防曬打底乳液，再塗上我的保濕精華液，然後每隔 1 個小時就再補一次保濕精華液，直到打球結束。

平泰秀內含五元胜肽（抗動態紋，增進彈性）、六元胜肽（抗靜態紋，拉提）還有棕櫚醯胜肽（保濕），內容並不複雜，使用簡單，是我很喜歡使用的保養品之一。

COAST
青春賦活亮顏精華液

☑ 容量：30ml

☑ 哪裡買：官方網站
www.ilovecoast.com

這2款精華液都是我推薦的。

LA MER 精華液

我很重視精華液這個保養品，因為保濕是抗老中非常重要的一環，就連我的廚房中都會放一瓶精華液，好讓我隨時隨地都能補充。

它和化妝水不一樣，太水的質地噴在皮膚上，不但不能保水、鎖水，甚至反而會帶走肌膚的水分，而精華液就有滋潤和鎖水的作用，所以我每次去打球時，一路上會一直擦精華液來保濕，因為如果皮膚保濕做得夠，太陽就不會曬傷皮膚。

☑ 容量：125ml

☑ 哪裡買：百貨公司專櫃

我通常都會用這兩瓶來替換，像上完妝前後，我都會用精華液來打底跟讓妝更加服貼，所以我都選擇質地比較滑順輕盈的，這樣隨時補充才不會感覺皮膚太黏膩，而且質地太黏的精華液，反而不好吸收，上妝時還會讓彩妝變得一塊一塊的。

「LA MER 眼霜」

我對眼霜的要求就是要讓眼周的皮膚比較緊實，還要能預防細小皺紋的產生，另外，就是要讓眼周平順、不浮腫。

☑ 容量：15ml

☑ 哪裡買：百貨公司專櫃

「COAST 玫瑰潤澤保濕護手霜」

除了這瓶護手霜之外，我沒有特定擦護手霜的習慣，有時也會直接拿平泰秀來擦，像是手肘、膝蓋、腳踝這一類容易特別乾燥的關節部位，我就會用護手霜和平泰秀來交替使用。

☑ 容量：50ml

☑ 哪裡買：官方網站
www.ilovecoast.com

萌果醋義

「Ms.&Mr. 深層角質潔膚凝膠」

☑ 容量：120ml

☑ 哪裡買：請洽諮詢信箱
meiiyu0701@gmail.com
或上 www.greatful.com.tw 網站
電洽：0953-842939

這是個很特別的東西，它的形體是凝膠狀像果凍一般，可以徹底清潔附著在肌膚毛孔上、我們清潔不到的地方。

通常我是卸完妝之後，拿那個果凍擦在臉上，抹一抹就會有很多屑屑跑出來，這些都是平常不管我用什麼卸妝油，都沒辦法讓毛孔完全清乾淨的髒東西，它真的好好用！

而如果你的臉是乾淨的，那不管擦上凝膠再怎麼搓揉，那個膠還是一樣滑滑的在臉上，不會有屑屑出來，所以我覺得真的還蠻有效的，而且每次洗完，都會覺得整張臉都很乾淨清爽，所以我每天晚上都會用它來做最後的深層清潔。

美魔女悄悄話

我早晚的保養順序是：

每天卸完妝後，我會用深層角質潔膚凝膠先做一個深層清潔，我都會在皮膚上塗上厚厚一層，再用手指畫圓圈的方式滑動臉部的每個角落，像果凍般的凝膠經由這樣滑動全臉產生黏土屑屑後，再把臉洗乾淨。

之後直接上精華液，然後是眼霜，接著再擦平泰秀。

除此之外，平常我會視皮膚的狀況隨時補充精華液來保濕。

這個潔膚凝膠油脂含量很低，屬於親水性，非常容易清洗和潔淨肌膚，除此之外，又能更新膚質、溫和並且不會導致敏感，所以它可以每天使用。

只要皮膚清潔乾淨了，任何保養品都可以充分發揮效用，而且不會長粉刺痘痘，所以皮膚的徹底清潔一定要做好，否則再貴再好的保養品都是枉然。

「GAMMA 健康手鍊」

☑ 哪裡買：官方網站
www.gamma999.com

這個健康手鍊不只是造型好看的飾品，它還可以幫助我在運動時，達到加速循環和消除疲勞、緩解痠痛的效果！我覺得是個很值得推薦的養生保健飾品。

它最明顯的效果是，之前有一陣子我非常勞累，睡醒時常會發現自己落枕，那就是因為身體太緊繃了，即使睡著了也沒有辦法達到完全的放鬆，所以隔天起床就會落枕，可是自從我戴上這個飾品後，這樣的現象就沒有再發生過了。

還有，像現代人接觸太多家電，吸收到大量電磁波產生的正電氫離子，會使身體偏向酸性而導致痠痛情形發生，這個健康手環它主要是裡面有個叫做「鍺」的化學元素，當我們體溫到達32°C時，它就會產生半導體特性，釋放負電離子，能快速吸收正電氫離子，中和體內酸性並恢復正常。

「義大利葡萄醋」

☑ 哪裡買：
信義誠品5樓
氛圍美學—萌果醋義

它是來自義大利的一種醋，很多人會以為它是紅酒醋，其實不是。它是用新鮮葡萄汁以高溫熬煮24小時，使葡萄汁液的糖分及酸度提高，得到果香濃郁的濃縮葡萄汁，再將這些葡萄汁裝入橡木桶內釀造，配合橡木桶香氣的陳化，水分不斷蒸發變少，才會得到又香又濃、幾乎全黑的葡萄醋。

它含有豐富的維生素、礦物質和酚類化合物，除了補血外，它還可以降低膽固醇，也有抗衰老和促進血液循環的功效，而其中豐富的單寧酸又可以預防蛀牙。

它的用途很廣泛，可以用在料理調味，也可以加冰塊、加水調和，變成好喝的果醋飲料。適量飲用可以養顏美容，讓皮膚更加細膩。

「充足的睡眠」

晚上是我的黃金時刻，因為我在進行逆齡秘訣的細胞修護，所以睡覺是我最重要的事情！

我每早上 6 點起床，在 12 點前就寢，如果當天熬夜晚睡或是有睡眠不足的部份，我會在下午空檔時小睡補眠，因為我知道充足的睡眠才能有好的肌膚狀態和活力，也是我逆齡的因素之一。

優質的睡眠品質，在深度的睡眠期間會分泌成長賀爾蒙，成長賀爾蒙分泌得多，體重及體脂肪自然就會下降，身體也會變得緊實，自然能維持好的體態跟健康。

成長賀爾蒙具有抗老化作用，能美化肌膚並且分解體脂肪、消除肥胖，所以唯有良好的睡眠品質，才能大量分泌成長賀爾蒙。

成長賀爾蒙也能修復乾燥的肌膚、製造更多的肌肉，在白天運動時肌肉受到的傷害，成長賀爾蒙會製造蛋白質來修復它，而這些修復的工作，全部都在夜間深度睡眠的時候進行。

最理想的睡眠時間是 7 個半小時，所以最好能每天晚上 11 點前上床就寢，就寢前不要吃甜食、碳水化合物和酒精類的飲品，因為它們會讓血糖升高、抑制成長賀爾蒙的分泌。

要睡得熟、睡得好，才能保持年輕，所以每天規律的生活作息，和維持良好的睡眠品質，才能美化肌膚、消除脂肪，達到真正的逆齡效果。

「皮膚深層急救護理保養」

除了平日的保養之外，有時換季或皮膚過敏比較嚴重的時候，我還會做個皮膚深層急救護理保養，我的做法是：

先把我常用的精華液塗在臉上，也可以針對皮膚當時的狀況，例如我想加強眼周保養，就會再加強塗上眼霜。

然後直接拿面膜紙，把它用化妝水泡濕，接著再把濕潤的面膜紙直接敷在臉上，它會比直接塗抹精華液有更深層保養的效果！

這種做法雖然很像我們一般人在敷面膜，但是我幾乎從不用市售的面膜，因為很多面膜都有加入香料或太多化學物質，而我又是敏感膚質，很容易就會過敏，所以用這種方式來敷臉，反而有更好的修護效果。

除此之外，如果我連續多天曝曬過度，就會特別做臉部的美白處理：

我會大量的喝 OPC、然後多擦幾次精華液，再連續 3 天睡前都敷我剛剛說的 "自製面膜"。

"海納川"
是我家廚房啦！><

地圖上不存在的「海納川餐廳」：

美味 · 元氣 · 營養 · 豐富
的早餐「食譜分享」。

因為常常在 FB 上 PO 文的關係，很多人都很好奇，常常留言問我：「你們家餐桌上怎麼每天都有一大堆豐盛的早餐啊？什麼披薩、烤雞、滷牛腱、義大利麵……甚至連牛小排都有！太誇張！這真的都是妳自己做的嗎？！怎麼可能？！那妳是要幾點起床才做得完啊？！」

後來，很多網友直接"判斷"，我一定是每天都跟一家叫「海納川」的餐廳訂這麼多菜！還有人

沒有這家餐廳好嗎？

以為，「海納川餐廳」根本就是我家開的！我一個人是不可能做得出來的！

我從小就很愛料理，國小就會煎荷包蛋、國中就會做義大利麵了！所以我堅持每天一定要親自為家人料理三餐、幾乎全年無休！

要做出豐盛的早餐其實好簡單，料理是有撇步的！

我的每道料理看似豐盛，但其實做起來非常簡單快速，我通常煮一頓飯的時間最長不超過半小時，你們相信嗎？下次有機會再教教大家聰明料理的秘訣喔。

我前面有說過早餐的重要性，只要早餐吃得豐富、滿足，就能帶給你一整天滿滿的活力和能量！所以我很建議你們不妨依照自己當天的心情、也聽聽自己身體的需求，來決定今天是想要吃得清爽點？或是來頓豐盛的滋補大餐？早餐想吃牛小排又有什麼不可以呢？

下面，就是我的早餐食譜分享：

小叮嚀

每份早餐我都不特別標註份量，是希望大家可以依照自己的食量來做增減，我希望傳達的是「豐盛的早餐也可以做的很簡單、輕鬆」的概念，所以如果每樣東西都寫得很仔細，包括份量、用什麼品牌……這樣會太有壓力了，這些都是大家可以自己決定或變化的，弄得這麼複雜反而會有讓人覺得很難的反效果。

元氣早餐 1

味噌湯
三色小飯糰
涼拌黃瓜雞絲

味噌湯

作法：
味噌湯湯包、盒裝豆腐 1/3 塊，
加入熱水，微波一分鐘即可食用。

三色小飯糰

作法：
白飯 1 碗分三份，每份中分別放入
市售鮭魚鬆少許、吻仔魚少許、芝
麻海苔少許 ，捏成三角狀即可。

涼拌黃瓜雞絲

作法：
雞胸蒸熟剝絲，小黃瓜切絲，日式醬油少許拌勻，灑
上芝麻海苔少許即可。

元氣貼心悄悄話：我喜歡白米飯，所以味噌湯搭配三色小飯糰的元氣早餐，我們一家
人吃的滿足又開心，有時候小朋友會在小飯糰上放上兩顆葡萄乾，變成飯糰小人，好
可愛呀^^有時候上學、上班趕時間，飯糰打包也很方便，打包飯糰還會送海苔喔～

元氣早餐 2

味噌燒肉拉麵

作法：
味噌湯湯包一包，海帶芽少許
加熱水拌勻，將拉麵煮熟放入，麵上放
燒肉切片，水煮蛋半顆，罐頭玉米粒少許。

燒肉

作法：
腰內肉一條洗淨，盛裝後放入電鍋內。加一小
匙紹興、蔥一把、糖一小匙、香菇素蠔油一碗，
外鍋二杯水，煮好後浸泡一晚會更加好吃。

元氣早餐 3

起司蛋餅

作法：
蛋餅皮雙面煎熟（餅皮呈
金黃微酥），加蛋和起司捲
起即可。

起司蛋餅
牛腱切片佐生菜
芝麻牛奶麥片

牛腱

作法：
牛腱一條洗淨後盛裝放入電鍋
內，加一小匙紹興、蔥一把、
糖一小匙、香菇素蠔油一碗，
外鍋二杯水，煮好後浸泡一晚
更加好吃。
牛腱切片佐生菜：牛腱切片，放入
自己喜好生菜即可。
芝麻牛奶麥片：可選擇自己喜歡的口
味和牌子，沖泡即可。

元氣貼心悄悄話：在台灣傳統小吃的蛋餅裡我都會加上北海道起司，一口咬下濃郁的
起司香滿溢口中，忍不住一口接著一口，愛吃肉的我當然還要有好吃的滷肉切片，才
能元氣滿點喔！！～

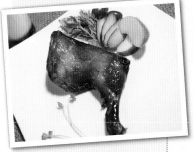

元氣早餐 4

香烤（煎）雞腿

作法：

雞腿一隻，用醬油、糖、蒜頭醃製一晚，放入烤箱（油鍋），烤（煎）熟即可。

🍞 筷子一插，可輕鬆穿透雞腿肉即是熟了。

烤雞腿

元氣早餐 5

焢肉飯加滷蛋
燙菠菜
海帶芽豆腐湯

焢肉

作法：

五花肉一條切片，蒜頭入油鍋爆香，五花肉兩面煎黃，放入電鍋內加一小匙紹興、蔥一把、糖一小匙、香菇素蠔油一碗、八角2顆，外鍋二杯水，煮好後浸泡一晚更加好吃。

🍞 可一起放入水煮蛋。

燙菠菜

作法：

將菠菜放入滾水中川燙撈起，調味後即可。燙青菜時我都會在滾水中丟一個雞湯塊，這樣燙青菜就會味道很鮮甜，也不用再額外加鹽。

海帶芽豆腐湯

作法：

海帶芽少許，豆腐切塊，加水煮熟後調味即可。

元氣貼心悄悄話：耶！！我愛的焢肉飯上菜了！從小吃到大的好滋味，現在也傳承給我的寶貝了，他跟我一樣看到焢肉飯就歡呼！！你不妨也試試這樣的元氣早餐。

元氣早餐 ⑥

鮑仔魚蛋粥
涼拌秋葵
蒸蝦

鮑仔魚蛋粥

作法：

白飯一碗、鮑仔魚適量，加水一碗煮5分鐘，海帶芽適量加入，調味後再打入蛋花即可。（調味建議可以放少許鹽，或1/3塊的雞湯塊，或是烹大師，總之調味可依自己喜好做變化。）

涼拌秋葵

作法：

秋葵洗淨川燙撈起，日式醬油少許調味即可。

喜歡秋葵爽脆口感的人，可以川燙一下迅速撈起，喜歡軟爛一點的就燙久一點。

蒸蝦

作法：

蝦子洗淨擺盤，舖上薑片蔥段少許，加一匙米酒，放入電鍋中蒸，外鍋加半杯水即可。

元氣貼心悄悄話：營養美味的鮑仔魚蛋粥，最適合老人與小朋友，小魚中含有豐富的鈣質，我家安安只要吃鮑仔魚蛋粥，都會每一口數著有幾隻小魚，然後告訴我他的胃是大海，有多少小魚在他的大海裡游啊游，真是有創意又可愛的安安！原來吃個早餐也可以學算數，真是不錯。呵呵～

元氣早餐
7

茄汁義大利麵

作法：
義大利麵放入水中煮熟撈起（可
撈起吃吃看，中心不硬就熟了）
，少許橄欖油、義大利番茄醬，
和少許義大利香料稍微拌炒一下，起鍋後灑上起司粉即可。

\ 我的招牌菜！/

起司蛋捲

作法：
油一小匙放入平底鍋加熱，關小火，
蛋打勻放入鍋中搖晃攤平，成蛋皮狀即放入起司片捲起即
可。

茄汁義大利麵
起司蛋捲
涼拌海帶芽蕃茄
切片

涼拌海芽蕃茄切片

作法：
海帶芽泡熱水三分鐘撈起，放入
日式醬油調味，把番茄切片擺盤
即可。

元氣貼心悄悄話：好吃的起蛋捲來囉！～這道菜營養又美味，而且做起來超簡單快速，
小朋友都把它當點心零食吃。蛋的營養價值豐富，卵麟脂質可活化腦部、修護肝臟，
可幫助孩子提升學習能力。

元氣早餐 **8**

烤披薩
蘆筍培根捲
海帶芽菇菇湯

烤披薩

作法：

將蛋餅皮平放錫箔紙上，蛋餅皮上抹上一層薄薄番茄醬，舖上雙味起司焗烤，灑上少許義大利香料及起司粉，放入烤箱，以約 250℃ 將表皮烤成焦黃即可。

蘆筍培根捲

作法：

蘆筍洗淨切段川燙後撈起，蘆筍平放在培根條中捲起，用牙籤固定，放入烤箱，烤至焦黃即可。

海帶芽菇菇湯

作法：

水滾後放入海帶芽及美白菇，加入少許柴魚粉及雞湯塊調味，即可。

元氣貼心悄悄話：這是我得意的創意料理！
我用了蛋餅皮當作薄餅披薩皮使用，在蛋餅皮上放上喜歡的食材和起司條，放入烤箱烘烤，短短 5 分鐘就能完成了！這麼簡單又快速的做法你們學會了嗎？

元氣早餐 9

香煎牛小排

干貝佐
生菜洋蔥湯

起司蘇打餅干

香煎牛小排

作法：
平底鍋內放入少許奶油，熱鍋放入牛小排（以調味料稍微醃過），兩面煎熟即可。

干貝佐生菜

作法：
平底鍋內放入少許奶油，熱鍋放入干貝（超市賣的冷凍生干貝），兩面煎熟（表面有些焦黃）即可，生菜洗淨擺盤將干貝放入即可。

洋蔥湯

作法：
洋蔥紅蘿蔔洗淨切絲，入鍋拌炒後加水煮滾，加入柴魚粉調味即可。

元氣早餐 10

總匯三明治

洋蔥湯

總匯三明治

作法：
白吐司二片去邊，起司蛋捲（前面已教過作法）、火腿一片、起司一片，舖上少許生菜即可。

元氣貼心悄悄話：這道菜我要特別介紹，因為這道菜是我跟兒子聯手完成的元氣早餐，當我在煎牛小排時，我兒子就會在旁邊煎干貝，他是我家中的小大廚，我的好幫手。我家的小大廚很大牌的，每當要做這道菜的前一天晚上，還要先跟他預約時間呢！元氣洋蔥湯可以增強免疫力、預防感冒、穩定神經，是一道美味又對身體很好的湯品～

附錄

婷媗的
居家健身秘密

DVD 使用說明

① DVD 裡面收錄的，很多幾乎都是書裡所沒有示範的動作，其中還包括控制大球的秘訣和練習方法，因為婷媗擔心紙上圖片示範無法完整呈現細節，讀者們就不能真正學好這些重要的動作，因此把這些重點動作和需要動態畫面來呈現的動作都一一收錄在 DVD 裡，大家一定要看喔！

② 開始跟著婷媗做運動之前，請先看一下注意事項。

注意事項

1. 建議運動前後一個小時請勿進食
2. 有身體不適的症狀請先暫時停止運動
3. 衣著以舒適為主
4. 盡量在安靜與通風處練習
5. 練習前記得要暖身
6. 女性遇生理期時以簡易的伸展操即可
   切勿激烈練習運動

7. 運動過程中，記得保持呼吸的順暢跟著運動節奏吸氣吐氣，切勿憋氣
8. 運動過後請勿以冷水沖澡與喝冰水以免造成身體不適
9. 年齡較大者，盡量避免在清晨練習避免體溫落差大而造成身體不適
10. 運動結束後記得穿上衣服保持溫暖

③ DVD 裡面，總共分成「居家體適能」和「居家健身肌力訓練」二個部份來示範。

④ 「居家體適能」分成 7 個連貫的動作，是要一口氣完成的！

讀者在開始動作之前，可以先點選「居家體適能介紹」這個選項，來聽聽婷媗的開場說明，對於接下來的示範動作才會有更清楚的概念喔！

居家體適能

體適能整體練習　　　　　＜回上一層

居家體適能介紹　　1.小馬蹲　　2.大馬蹲　　3.下蹲左右側抬腿
4.伸展　5.伏地挺身開合跳　6.地板提臀左右後抬腿　7.仰躺髖關節運動

「居家體適能」

1. 小馬蹲

肌耐力 緊實臀部

2. 大馬蹲

和美化 臀部線條

3. 下蹲左右側抬腿

4. 伸展

5. 伏地挺身開合跳

訓練 核心

6. 地板提臀左右後抬腿

左右後抬腿 各10下

7. 仰躺髖關節運動

　　「居家體適能」主要是訓練肌耐力和心肺功能！
訓練這二項有什麼好處？書裡面都講得很清楚囉，
讀者們可以好好再溫習一遍。

5 「居家健身肌力訓練」分成：「健身肌力訓練1~7」、「健身肌力訓練8~13」。

讀者同樣的可以先從「居家健身肌力訓練介紹」開始看起喔！

「居家健身肌力訓練」就是把健身房帶回家的概念！裡面示範的運動，就是由彈力大球、小球、彈力繩來完成的肌力訓練，可以讓妳的曲線更完美喔！

⊙「健身肌力訓練 1~7」

1. 地板肘撐

2. 大球仰臥起坐

3. 小球腹斜肌訓練

4. 手肘碰膝蓋

5. 彈力繩側腹運動

6. 手臂背部基礎訓練

7. 彈力繩手臂訓練

「健身肌力訓練 8~13」

大家要認真
做喔！

8. 左右後抬腿微笑曲線訓練

將右腳 夾住小球

9. 三合一伸展拉筋肌力訓練

雙腳打開 與肩同寬

左肩 和右手肘

10. 大球腹腰臀肌力訓練

11. 大球深蹲

利用大球能減輕膝蓋壓力

12. 大球側抬腿

大球 倚靠牆

13. 小球側抬腿

左右 各10次

Kenny 的名言：

- 若不想要運動，總會找到藉口；
  若想要有好身材，總會找到方法。
- 運動不要太認真，快樂就行，
  只有快樂，才能讓你持續運動。

- 女人身體的焦點——事業線和馬甲線。
- 男人身體迷人的關鍵——人魚線。

美魔女的 私人教練
明星級的 黃金教練——

「小四爺」**Kenny**。

Kenny 小檔案

本名：林煦堅
台北體專～運動技術科
台北體育學院～技擊系

長相神似的吳奇隆的「小四爺」林煦堅，跟吳奇隆一樣也是體院畢業，年紀輕輕，但健身已超過 20 年、從事體適能相關專業教學和指導也有 12 年以上的經驗，是一位全方位的體適能教練！他的學員從 18 歲到 82 歲的老阿嬤都有，除了因為指導「台灣第一美魔女」張婷媗瘦身成功而聲名大噪之外，同時也是幾位知名高球選手指定的體能教練。

因為教學認真專業且成效高，因此多年來常受邀上報章雜誌擔任健身單元名師、擁有眾多忠誠的粉絲，可謂是「明星級的健身教練」。

 經歷

加州健身俱樂部 (califorrnlia) 教練
金牌健身俱樂部 (GOLD'S GYM) 特約教練
金牌健身俱樂部 (GOLD'S GYM) 私人教練部組長
伊士邦健康俱樂部 (BEING SPORT) 私人教練部主任
伊士邦健康俱樂部 (BEING SPORT) 私人教練部副理
伊士邦健康俱樂部 2006、2007 年「最佳教練」

現任

喬大 kenny 體適能中心　教練 & 顧問
高爾夫職業選手呂文德、呂偉智　體能教練

👍 訓練專長

★ 護脊訓練運動處方
★ 腰背痛病人運動處方
★ 核心肌群訓練
★ 運動營養規劃
★ 協助運動傷害的復健
★ 特殊人士之運動處方
★ 高爾夫體能運動處方

👍 證照 & 資格

★ AASFP 亞洲運動及體適能專業學院私人教練證
★ FISAF 澳洲國際有氧體適能指導員證書
★ IHFI 護脊運動教練證書
★ IHFI 私人教練證書
★ RTS 美國專業抗阻力教練證

★ 柔道國家級教練證
★ 柔道國家級裁判證
★ 運動休閒產業經理人合格證書
★ 行政院體育委員會國民體適能指導員證書
★ 中華民國水上救生協會救生員証

👍 媒體雜誌曝光

君子雜誌 2005.9 月創刊號 單元：
3 胖男拋肉減重大挑戰

君子雜誌 2005.12 月 單元：
home/office 輕鬆練出肌肉線條

君子雜誌 2006.1 月 單元：
3 胖男拋肉減重大挑戰最終篇
home/office10 分鐘快速燃燒卡路里

Men's uno 雜誌 2006.8 月 單元：
解讀身體密碼四大名師
1.kennyn 私人教練
2. 何一成家醫科醫師
3. 張炯銘整形醫師
4 張曉雄舞團編舞家

錢櫃雜誌 2005.7 月 單元：健身房暑修大變法

TVBS 週刊 2008.1 月單元：宅男變型男翻身術

高爾夫文摘 200810 月 單元：
呂文德綠夾克紀錄 四度奪冠：呂文德接受教練
KENNY 指導後現身說法

ONE GOLF 雜誌 2012.6 月 單元：
8 歲陳瑋利打高爾夫努力過程：體能教練 KENNY

蘋果日報 2007.2.28 單元：
指導籃球名將林志傑

今周刊 2007.4.23 單元：
動對地方與疲勞說 BEY BEY
塑造完美體適能

GQ 官網 2005 健身運動：
抗力球 6 大塑身法
健康從腿動起來
肩頸舒緩操

緯來體育台 高球週報
2012.3~2013.3 單元：
高球體適能

ET today 網路新聞：
1. 感性美魔女張婷媗的
   教練「小四爺」林煦
   堅又挑戰高難度動作
2. 美魔女張婷媗神秘教
   練「小四爺」林煦堅
   驚人懸空趴球
3. 猛男 V 字「人魚線」
   天心最愛 林煦堅
   10 撇步練出性感帶

作　　者	張婷媗
總　　監	馮淑婉
主　　編	陳安宜
責任編輯	阿奇　陳安宜　五餅二魚工作室
設　　計	賴姵伶

經 紀 人	FeFe 曾
製作協力	喬大體適能顧問 & 健身教練　林煦堅教練
攝　　影	江仁盟　楊少帆
妝　　髮	Yumi
造　　型	小香
DVD 拍攝	恩典之路幸福攝影故事屋　江仁盟

特別感謝

照片提供	Onegolf 雜誌社　FeFe 曾　林煦堅教練　Taco
深層潔膚凝膠贊助	我是大美人購物網 www.greatful.com.tw
運動服裝贊助	Kappa: www.kaepa.com.tw
其他服裝贊助	Amber Rabbit　Retro Girl　Emsexcite　四月幸運草　迪司婚紗
料理協力	氛圍美學 信義誠品 5F
製作協力	吉芙國際有限公司

出版發行	趨勢文化出版有限公司
地　　址	新北市新莊區思源路 680 之 1 號 5 樓
電　　話	(02)8522-5822
傳　　真	(02)85-211-311
初版一刷	2013 年 5 月 7 日
再版 18 刷	2014 年 10 月 5 日
法律顧問	永然聯合法律事務所

版權所有　**翻印必究**

如有破損或裝幀錯誤，請寄回本社更換

讀者服務電話　(02)8522-5822 # 66

ISBN 978-986-85711-4-3 (平裝附數位影音光碟)

Printed in Taiwan

本書定價 350 元

國家圖書館出版品預行編目(CIP)資料

3個月「腰.腹.臀.腿」逆齡抗老完美變身術! / 張婷媗
著. -- 初版. -- 新北市：趨勢文化出版, 2013.04

　　面；　公分. -- (瘦美人；5)

ISBN 978-986-85711-4-3(平裝附數位影音光碟)

1.減重

411.94　　　　　　　　　　　　　　102004637